Olivia Moogk

Business Feng Shui

Olivia Moogk

BUSINESS FENG SHUI

Der Interieur-Faktor für Ihren Erfolg

SILBERSCHNUR

Alle in diesem Buch enthaltenen Ratschläge wurden sorgfältig erwogen und geprüft. Dennoch können Verlag und Autorin nicht die Garantie für deren Wirkungsweise übernehmen, da diese von verschiedenen Faktoren abhängig ist, die möglicherweise in diesem Buch nicht erwähnt werden konnten, da sie zu ihrer Ermittlung mitunter einer speziellen Vorgehensweise und einer Besichtigung vor Ort bedürfen.

ISBN 3-89845-031-7

1. Auflage 2003

Gestaltung & Satz: XPresentation, Boppard
Druck: Finidr, s.r.o. Cesky Tesin

Verlag »Die Silberschnur« GmbH · Steinstraße 1 · D-56593 Güllesheim

www.silberschnur.de
e-mail: info@silberschnur.de

Danksagung

Ich bedanke mich bei meinen Lehrern für ihr Verständnis und ihre Geduld, mit der sie mich Feng Shui gelehrt haben. Danke sage ich auch meinen Schülern und Schülerinnen, die mich durch ihre Fragen forderten und von denen ich viel lernen durfte. In gut zehn Jahren der Ausübung von Feng Shui-Praktiken habe ich von Tag zu Tag mehr Wirkungsweisen erfahren und bin bei meinen alljährlichen Studienreisen immer weiter fortgeschritten. Dabei unterstützte mich maßgeblich mein Mann. Ich danke ihm für sein Verständnis und seine wundervolle Unterstützung. Lassen Sie mich an dieser Stelle auch meinen Freunden danken: Dagmar Paleit und insbesondere unserem lieben Freund Norbert Wissner. Sie haben Zeit und Liebe in das Buch investiert. Sie eröffneten mir neue Blickwinkel und gaben mir anregende und wertvolle Kommentare.

Das erste Mal hörte ich von Feng Shui durch eine gute Bekannte, die ihre Wohnung vollkommen umgeräumt hatte. Ich vergaß dies wieder bis zu dem Punkt, als ich in der chinesischen Provinz Fujian erneut auf dieses Thema stieß. Begeistert studierte ich Feng Shui und fragte mich, ob man Feng Shui denn überhaupt in Europa einbringen könne. Die Grundzüge waren universell, und subtrahierte man religiöse Aspekte, war Feng Shui ganz logisch und einleuchtend.

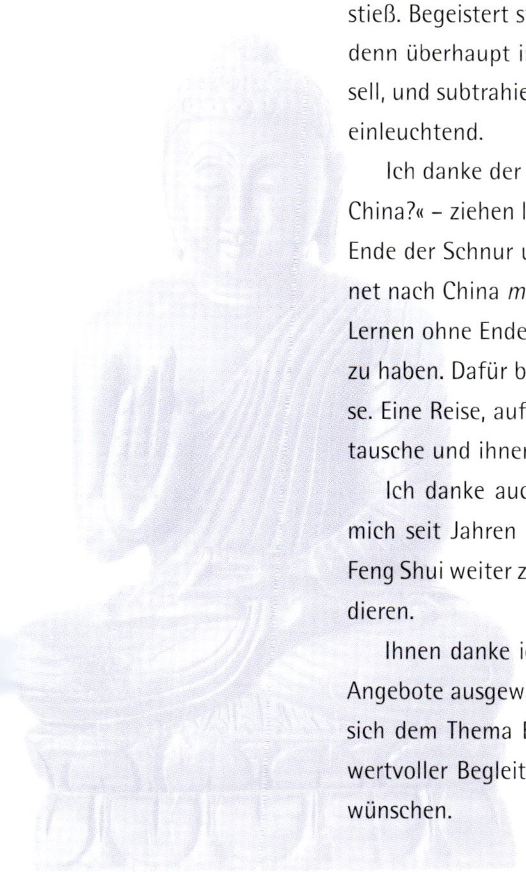

Ich danke der Fügung, die mich trotz aller Unkenrufe – »Was willst *du* in China?« – ziehen ließ. In der Tat, es zog etwas ganz Starkes an dem östlichen Ende der Schnur und ich konnte damals nicht sagen, warum ich ausgerechnet nach China *musste*. Damit hatte sich einer meiner Lebensträume erfüllt: Lernen ohne Ende, einen Beruf, oder besser gesagt, eine Berufung gefunden zu haben. Dafür bin ich dankbar. Das Thema Feng Shui ist für mich eine Reise. Eine Reise, auf der ich anderen Menschen begegne, mich mit ihnen austausche und ihnen viel geben kann und empfange.

Ich danke auch den vielen Menschen, die mir ihr Vertrauen schenken, mich seit Jahren mit Dankesschreiben bedenken und mir die Kraft geben, Feng Shui weiter zu verbreiten und mich animierten, Innenarchitektur zu studieren.

Ihnen danke ich, liebe/r Leser/in, dass Sie dieses Buch aus der Fülle der Angebote ausgewählt haben, um mit meiner Erfahrung und meinem Wissen sich dem Thema Business-Feng Shui zu nähern. Möge Ihnen das Buch ein wertvoller Begleiter sein und Ihnen zu den Erfolgen verhelfen, die Sie sich wünschen.

Inhalt

Vorwort

Die Arbeit macht ein Drittel des Lebens aus. Wer hatte bislang wirklich geglaubt, dass nicht nur der Wille zum Erfolg, die richtige Strategie und Motivation notwendig sind, um auch in Zukunft Spaß an der Arbeit und den erwünschten Erfolg und Nutzen zu haben?

Erfolgreiche Geschäftsleute auf der ganzen Welt folgen den Prinzipien des Feng Shui. Ob die *Bayerische Vereinsbank, Wella, Edeka, Beiersdorf, Siemens, die Hongkong & Shanghai Bank oder* die *Amerikanische Handelskammer*, sie alle sind stellvertretend für viele andere Unternehmen, die mit Feng Shui arbeiten, um den Erfolg ihrer Geschäfte zu unterstützen. Wer sich einem Feng Shui-*Experten* anvertraut, und auf Letzteres sei Wert gelegt, fügt ein wichtiges Puzzleteil des Erfolgs in seine Lebensstrategie ein.

Dabei folgt Feng Shui klaren Regeln, basierend auf Beobachtungen der Natur und menschlichen Verhaltensweisen. Feng-Shui-Einrichtungen erzeugen *Lust* zum Verweilen. Lust fördert das Wohlgefühl und das Konsumverhalten. Kasimir Magyar und Dr. Anton Meyer plädieren beispielsweise dafür, Konsum über die Förderung des Lustgewinns am Kaufen aus einer ganz neuen Perspektive anzugehen. Beide sprechen von »Lust-Kauf«, »Lust-Kommunikation« und »Lust-Arbeit«. Genau das unterstützt Feng Shui, spricht doch Feng Shui alle Sinne an und füttert das Unterbewusstsein mit Wohlfühlfaktoren.

Beim *markant* Mitglieder-Kongress in München wurde betont: »Make mistakes, but don't hesitate. Don´t plan it, just do it!« Feng Shui schließt sich hier nahtlos an, denn die Zeit ist geradezu reif für Veränderungen und neue Ideen. Zögern wir also nicht länger, sondern tun wir etwas und nehmen den Zeitgeist auf, der uns zurück zu unseren wahren Bedürfnissen führt und neue Denkansätze gibt, die Jahrtausende alt sind. In Mode gekommen ist Feng Shui. Deshalb ist es dennoch keine Modeerscheinung. Denn Feng Shui schöpft aus den Erkenntnissen der Natur. Ist die Natur selbst in Mode gekommen? Feng Shui mischt pragmatisch die Erkenntnisse der Natur mit gesundem Menschenverstand.

- **Arbeiten mit Freude und durch die Unterstützung eines guten Designs der Innenräume – das ist die Zukunft. Stressabbau, Motivation und ein angenehmes Betriebsklima sind die Folgen.**

Die Zukunft hat bereits begonnen: Neben der Zunahme der Heim-Arbeitsplätze durch die Computer-Vernetzungsmöglichkeiten steigt der Bedarf an Ruheräumen im Unternehmen mit farbigem Licht und beruhigender Musik, neben Fitnessräumen und dem Angebot an vegetarischem Mittagsbuffet. Pflanzen, Wasser und Wohlgerüche durchziehen Geschäfte und Bürokomplexe. Wo ein Feng Shui-Experte waltete, dort verweilt man gern.

Jeder Unternehmer und jede Unternehmerin weiß, dass mehr als nur Know-how nötig ist, um gute Geschäftsabschlüsse zu tätigen. Siebzig Prozent der Abschlüsse liegen im Bereich der Gefühlswelt und genau da liegen die besonderen Stärken von Feng Shui. Deshalb hat dieses Prinzip von Wind und Wasser auch in Europa Einzug gehalten und feiert wahre Triumphzüge in der Geschäftswelt.

- **Feng Shui verschafft gute Geschäftskontakte, ein freundliches und gesundes Mitarbeiterklima, sorgt rundherum für ein »Wohlfühlklima«, in dem alle imstande sind, ihr Bestes zu geben, kreativ und schöpferisch zu sein.**

Mit diesem Buch haben Sie einen Schlüssel in der Hand, um selbst Vieles in Ihrem Umfeld regulieren zu können, um dem Erfolg weitere unterstützende *Indoor-Faktoren* an die Hand zu geben. Für ein *Mehr* an Erfolg benötigen Sie einen kompetenten Feng Shui-Experten an Ihrer Seite, der Berechnungen anstellt, Raum-Chi lenkt und eine Art Akupunktur für Ihre Räume betreibt. Alles im Kosmos hat seine Ordnung, seinen Platz – so auch im Feng Shui.

Viel Freude und Erfolg wünschen Ihnen Ihre Olivia Moogk und das Team vom Int. Feng Shui Institut Moogk.

1

Was ist Feng Shui?

Erfolg oder Misserfolg schreiben Kundige auf der ganzen Welt nicht nur dem Können und Handeln der Firmenleitung zu, sondern den Einf üssen von Feng Shui – Wind und Wasser. Hat sich doch erst kürzlich das Hotel Crown Plaza in London eine kostspielige Feng Shui-Beratung gegönnt und ein *»Wind und Wasser Interieur«* geschaffen. Natürlich ist das Management davon überzeugt, dass sich der finanzielle Einsatz lohnt und sich um ein Vielfaches wieder einspielen wird. In der Tat, ein Umsatzplus von 20-30 Prozent ist keine Seltenheit. So ist die Frage nicht verwunderlich, was denn Feng Shui nun wirklich sei? Wie ich schon erwähnte, bedeutet es in der Übersetzung *Wind und Wasser.* Damit gemeint sind die Strömungen des Chi im Universum. Das Chi, auch Lebensenergie genannt, weist ein ganz bestimmtes Strömungsverhalten auf. Wer es studiert, hat das Wesen von Feng Shui erkannt, kann es für Privat- und Geschäftsleute segensreich nutzen. Chi, die Energieform, die in allem wirkt, ist plus- oder minuspolig, in ihrer Vollkommenheit eins. Der Pluspol wird mit *Yang* bezeichnet und der Minuspol mit *Yin.* Aus *Yin* und *Yang* wiederum entstehen die Jahreszeiten und die Elemente Feuer, Erde, Metall, Wasser und Holz. Diese Elemente, auch Wandlungsphasen genannt, wirken beispielsweise in der Form der Berge, der Täler, der Flussläufe, in den vier Wänden eines Gebäudes und im Menschen selbst. Ist es nicht in der Tat so, dass man sich von bestimmten Orten scheinbar magisch angezogen fühlt und andere wiederum mangels eines guten Feng Shui verlassen werden?

Wir haben durch Baustrukturen, Straßen- und Parkanlagen die Möglichkeit, bewusst in das Gefüge von Wind und Wasser einzugreifen und das Chi zu lenken. Als ich beispielsweise in Chicago war, der *Windy City,* bekam ich die pfeifenden Winde und die Eiseskälte direkt zu spüren. Die langen Straßenzüge und die glatten Häuserstrukturen der 61. Straße luden keineswegs zum Verweilen ein. Nur schnell weg und hinein in die *Sixth/Fifth Avenue*. Hier war es schon besser. Baumalleen bremsten den schnellen, eiskalten Wind ab und es war eine Wohltat, zu *Harrods* zu gehen und sich dort aufzuwärmen.

Geht Ihnen das nicht genauso? Wie oft gehen Sie ganz schnell an Geschäften vorbei, die an einer Hauptverkehrsstraße liegen, weil dort die Geräuschkulisse, der Abgasgeruch und die heftigen Winde nicht zum Verweilen einladen? Hastig, wie der vorbeifließende Verkehr, zwängt man sich lieber durch die Nebenstraßen, um zur Fußgängerzone vorzudringen. Hier schieben und drängen die Menschen. Aber es ist wärmer, der Wind gebremst und das Tempo gedrosselt. Hier lässt es sich bummeln, schauen und kaufen. Hier verweilt der Mensch. Wo er sich hingezogen fühlt, verweilt auch das Chi.

Ohne Frage, Feng Shui funktioniert trotz hohem Verkehrsaufkommen auch in Paris auf den *Champs Elysées. Das Wunder ist darin begründet, dass* es überbreite Fußgängerwege und Baumreihen gibt, die zur Straße hin einen Schutzschild bilden. Die Gehsteige sind Kulisse für Jongleure und Akrobaten, Sänger und Straßenmusikanten. Hier fühlt man sich am Puls des Lebens und der Haute Couture. Man kann sich in einem der Straßencafés zurücklehnen und von da aus dem Treiben zuschauen, ist selbst Akteur und Betrachter zugleich. Würden die Stadträte sich entschließen, die Gehsteige zu verschmälern, wäre es aus mit dem günstigen Feng Shui und die Leute würden nicht mehr gleichermaßen verweilen wie jetzt. Die Geschäfte würden zwangsläufig einen Umsatzrückgang feststellen, der den meisten schmerzlich sein dürfte. Ist Ihnen in diesem Zusammenhang schon aufgefallen, dass die beiden Seiten der Champs Elysées nicht gleich stark frequentiert sind? Eine Seite liegt in der Ostsonne und eine in der Westsonne. Wo würden Sie ein Geschäft anmieten, wo ein Büro? Mit Feng Shui-Augen betrachtet, ist es günstig auf der Westseite, mit der Nachmittagssonne, ein Straßencafé anzumieten und auf der Ostseite ein Büro. Hätten auch Sie so entschieden?

Der Verlauf des Sonnenlichtes gibt wesentliche Anhaltspunkte zur Art der Energie und deren Nutzung. Wer mit Wind und Wasser nichts verkaufen möchte, sondern einer Bürotätigkeit nachkommt, braucht Ruhe und eine schöne Aussicht. Er braucht eher Ostlicht, als grelle, warme, nachmittägliche Sonneneinstrahlung. Oder finden Sie es zumutbar, in einem Südzimmer am PC zu arbeiten? Trotz Klimaanlage ist es nervenaufreibend. Denn die Computertätigkeit und die Himmelsrichtung Süden sind beides starke Energien, Yang, die sich gegenseitig aufschaukeln können. Als Folge sind die Mitarbeiter und Angestellten leichter krank und leiden häufig an Nervenüberreizungen und Herz-Kreislauf-Beschwerden. Ein Nordraum wird Yin, kühlende Energie aufweisen, ein Südwestraum dagegen warme, Yangenergie. Haben Sie beide Energien und damit die Himmelsrichtungen in Ihrem Unternehmen zur Verfügung und könnten wählen, so wäre in jedem Fall Ihr Geburtsdatum ein wichtiger Ausgangspunkt, wenn es sich um die Wahl Ihres persönlichen Büros handelt. Für den einen ist es günstig, in östlichen Räumen zu arbeiten, für den anderen sind westliche Räume besser geeignet. Lesen Sie dazu auch das Kapitel »Erfolgreiche Arbeitsrichtungen«.

Unabhängig von der Erfolgsrichtung eine Anmerkung von mir: Wenn Sie ein Morgenmuffel sein sollten, dann wissen Sie, wie hinderlich es ist, erst die Nachmittagssonne in das Zimmer zu bekommen. Besser wäre Morgensonne, um schneller in die Gänge zu kommen. Das ist Feng Shui! Licht gibt unterschiedliche Impulse. Somit eignet sich das Morgensonnenlicht mit seinem ultravioletten Anteil besonders gut für den Arbeitsbeginn. Denn der ultraviolette Anteil weckt die Lust, sein Tageswerk zu beginnen. Das Nachmittagslicht eignet sich hingegen eher zum Relaxen und Genießen, da es viel weicher und wärmer wirkt. So natürlich und nachvollziehbar können Feng Shui-Regeln sein.

Neben den Himmelsrichtungen spielt der Standort der Firma eine Rolle, die Adresse, die angrenzenden Straßenverläufe, die umliegenden Gebäude und die Formen und Farben derselben. Alles zusammen wird erfasst, und mit Hilfe von Feng Shui werden Korrekturen durchgeführt, um ein wohltuendes Resonanzfeld zu schaffen. Dieses Resonanzfeld ist Schwingung, ja eine Art Vibration, die Menschen anzieht oder abstößt. Wissenschaftler, wie der Physiker Hawking, sind sich einig, dass sich alles in Schwingung befindet: Materie ist kein fester Bestandteil, lediglich die atomaren Teilchen haben unterschiedliche Abstände. Demnach haben der Name eines Unternehmens, die Adresse und das Gebäude einen jeweils unterschiedlichen Schwingungsgradienten, da sie unterschiedlichen Teilchenabständen Folge leisten. Daraus lässt sich schlussfolgern, dass unterschiedliche Teilchenabstände unterschiedliche Auswirkungen haben können, sie können zu fester, flüssiger oder gasförmiger Materie führen. Selbst Gedanken und Worte, körperliche Haltung und Schreibweisen dürften Teilchen in Schwingung versetzen und somit eine Auswirkung haben. Logisch wäre dann, dass man sich in wohltuende Resonanzfelder durch Schaffung von geeigneten Formen, Farben, Materialien, Pflanzen und Wasser einklinkt. Im Feng Shui werden alle Kräfte eingesetzt und auf ein Ziel hin konzentriert.

Harmonie entsteht, wenn alle Kräfte auf ein Ziel hin konzentriert sind und in wohltuender Resonanz zu allen Beteiligten und ihrem Umfeld stehen.

Da alles in Resonanz miteinander steht, sind selbst Namen nicht Schall noch Rauch und tragen zum Erfolg eines Unternehmens bei. In der Summe aller Bemühungen wird Wachstum und Gedeihen erzeugt.

Lassen Sie mich Ihnen dazu eine Geschichte erzählen. Ich kam gerade von der Messe in Frankfurt, als vor mir ein Lastwagen hielt. Er war mausgrau, zeigte eine große Glasscheibe und trug die Aufschrift »Firma Glasbruch«. Was denken Sie? Hätten Sie in diese Firma Vertrauen gehabt? Ich musste jedenfalls lachen. Hätten mich die Firmeninhaber nach einem Namen für ihr Unternehmen gefragt, dann hätte ich ihnen lieber den Namen »*Glasklar*« gegeben, um Assoziationen wie »alles klar, alles im Griff« zu erzeugen, und mit diesem Namen einen Slogan aufgebaut.

Das Prinzip von Wind und Wasser ist ein komplexes System.

Das Faszinierende an Feng Shui ist, dass es sich über die Jahrtausende hinweg erhalten, verfeinert und dennoch selbst in der heutigen technisierten Welt nicht an Gültigkeit verloren hat. Der Grund ist klar: Feng Shui entstand aus Naturbeobachtungen und beruht auf den Erkenntnissen, dass der Mensch nicht losgelöst von seinem Umfeld ist. Im alten China durfte man zwölf Jahre bei einem Meister in die Lehre gehen, bevor man selbst befähigt war, Feng Shui in seiner Mannigfaltigkeit anzuwenden. Der Schüler musste in dieser Zeit bei seinem Lehrer zunächst die Landschaftsstrukturen studieren, bevor er Häuserformen und Standorte untersuchte. Dann kam der Ausbildungsteil, der hauptsächlich mit Berechnungen und dem Interieur-Faktor zu tun hatte. Unabhängig davon wurde das Wissen um den Chi-Fluss im menschlichen Organismus durch Tai Chi oder Qi-Gong ausgeübt und Gesichtslesekunst gelehrt. Frei nach der Devise: Wer selbst in seinem Gleichgewicht ist, kann das Chi der Umgebung besser studieren und den richtigen Rat erteilen. In diesem Sinne bilde ich auch aus. Dabei hat mir das Studium der traditionellen chinesischen Medizin sehr geholfen. Die Zusammenhänge zwischen körperlichem Wohlbefinden, Energiefluss im Körper und Chi im Raum sind essenzielle Bestandteile. Mit diesem Wissen möchte ich die Adepten zu Experten des Chi-Flusses machen.

Jetzt scharren Sie schon mit den Füßen und wollen ganz schnell loslegen, sich nicht lange mit Theorien aufhalten? Das kann ich gut verstehen. Doch Feng Shui beginnt beim Menschen selbst und endet im Interieur. Lassen Sie uns Schritt für Schritt gemeinsam gehen. Sie werden nach dem Lesen der einzelnen Kapitel mit Sicherheit riesige Lust zur Umsetzung verspüren und unserer Feng Shui-Crew sicher gern Ihre Erfahrungen mitteilen. Unser Team freut sich schon jetzt auf Ihre Erfahrungsberichte.

Eine tausend Meilen weite Reise
beginnt mit einem Schritt.

Laotse

2

Was Sie zu einem guten Feng Shui noch hinzugeben können

Das Interieur Erfolgs-Management kann Ihnen ein Umfeld schaffen, das Ihnen Flügel verleiht und Sie hochmotiviert. Die Zutaten, die Sie Ihrerseits zu einem gelungenen Erfolgskonzept noch hinzugeben können, werde ich Ihnen im Folgenden näher bringen.

1. Zutat: Qualität und Flexibilität

– das 1. Prinzip von Kan, dem Wasser, dem Fließenden

Sie sollten bestrebt sein, Ihr Produkt, welches auch Ihre Arbeitsleistung sein kann, zur vollsten Zufriedenheit des Kunden oder des Chefs zu gestalten, Qualität zu liefern und bestrebt sein, sich den Wünschen der Kunden oder der Firma anzupassen, dabei Modetrends und Geschmacksrichtungen möglichst vorzeitig erspüren.

2. Zutat: Der Wille zur Veränderung

– das 2. Prinzip von Kan, dem tiefgründigen Wasser

Sie benötigen für Ihr Vorwärtskommen den *Willen zur Veränderung*! Ich bin mir in diesem Punkt sicher, dass Sie sonst dieses Buch nicht zur Hand genommen hätten, wenn Sie diesen Willen nicht bereits besäßen.

Mit Feng Shui werden Sie Wege gehen, die ganz außergewöhnlich sind.

3. Zutat: Pünktlichkeit

– das Prinzip von Chien, dem Metallischen, der Kraft der Kontrolle

Halten Sie Ihre zeitlichen Versprechen ein und lassen Sie Pünktlichkeit in der Verabredung wie auch in der Lieferung walten. Wer sich nach oben hin durcharbeiten möchte, der weiß, wie wichtig diese Strategie ist und wie gut es ist, wenn der Kunde zufrieden ist, weil beispielsweise seine Lieferung pünktlich eintraf.

4. Zutat: Freundlichkeit und Lächeln

– das 1. Prinzip von Li, dem Feurigen, das Freude ausdrückt

Im Umgang mit Ihren weiblichen und männlichen Chefs, Mitarbeitern oder Kollegen benötigen Sie *Freundlichkeit*, denn ein Lächeln kann Berge versetzen! Lächeln ist bekanntlich auch am Telefon zu hören. Das ist ein Grund, warum auf manchen Schreibtischen Spiegel stehen. Andererseits dienen die Spiegel auch der rückwärtigen Kontrolle, damit man auch hinter sich alles im Griff hat. Eigenkontrolle ist bekanntlich das beste Mittel, um sich zu verändern. Lächeln Sie und so werden Ihre Wangenmuskeln auf einen Nerv drücken, der eine Art »Freuden-Hormon« ausstößt. Damit wirken Sie dank dieser neurophysiologischen Vorgänge, wie Vera Birkenbihl sie erwähnt, auch gegen negativen Stress. Immer wenn Sie verärgert sind, bekommen Sie so einen »klaren Kopf«, und Sie werden Neu- wie Altkunden mit Ihrer freundlichen Art gewinnen. Lächeln Sie natürlich auch, wenn Sie einen Brief schreiben. Zwischen den Zeilen bemerken die Leser, ob

Sie gelächelt haben, wohlwollend gesonnen waren oder eher nicht.

Anerkennung ist die Triebfeder aller Bemühungen der Leistungen durch andere. Diese erreichen Sie durch *Mitgefühl und Toleranz*. In einer Firma, in der sich die Mitarbeiter und Kollegen respektieren, geachtet und wertvoll fühlen, arbeiten sie auch gern.

5. Zutat: Spaß

– das 2. Prinzip von Li, dem Feurigen, dem Begeisterungsfähigen

Stellen Sie sich die Frage, ob Sie wirklich *Spaß an Ihrem Beruf* haben. Alles, was Sie tun, um Geld zu verdienen, sollte Ihnen Freude bereiten. Spaß und Zielklarheit gemeinsam verleihen Ihnen Flügel zum Aufstieg. Überprüfen Sie, ob das, was Sie tun, auch das ist, was Sie wirklich gern tun. Einer meiner Bekannten, ein Geschäftsmann, steckte zwei Drittel seiner Zeit in das Sammeln von Oldtimern, ein Drittel in sein Geschäft. Heute hat er ein Autogeschäft, das andere gab er auf, weil er das Prinzip verstanden hatte. So ist er erfolgreich und hat Spaß!

Und bitte glauben Sie mir: *Es passiert das, was man sich sehnlichst wünscht und visualisiert!*

6. Zutat: Vergebung

– das Prinzip von Ken, dem Berg, der die Ruhe bewahrt

Vergeben Sie Mitarbeitern, Kollegen und sich selbst natürlich auch, wenn Fehler entstanden sind. Wer arbeitet, Verantwortung trägt und Einsatz zeigt, wird nicht ohne sie auskommen, um sich weiterzuentwickeln.

Fehler sind die Triebfeder für Veränderung!

7. Zutat: Optimismus

– das 1. Prinzip von Chen, der Wachstumskraft des Holzes

Warum ragen die Erfolgreichen aus der Masse der Mittelmäßigen heraus? Sie haben ein gutes Prinzip von Wind und Wasser in ihren Räumen und natürlich *Optimismus*. So können sie auch im Sturm des Konkurrenztreibens und einer Inflation das Schiff sicher am Riff vorbei segeln.

Optimismus ist lernbar. Ist er doch eine Lebenshaltung, die den guten Ausgang allen Geschehens sieht und Vertrauen in die Entwicklung von Prozessen legt. Der Glaube versetzt bekanntlich Berge. Das haben Sie schon oft gehört. Aber an was glauben Sie persönlich?

8. Zutat: Die guten Familienbeziehungen

– das 2. Prinzip von Chen, das Kraft aus der Familie sammelt

Es ist natürlich jedwedem Karrierebestreben förderlich, eine *gute Beziehung zu seiner Familie* zu haben und ein *gemütliches und harmonisches Zuhause.*

Legen Sie gern an dieser Stelle das Buch zur Seite und schreiben Sie einmal auf, wann Sie das letzte Mal etwas gemeinsam mit Ihrer Familie unternommen haben und ob Sie dann auch ganz und gar (auch gedanklich) für sie da waren. Ehepartner möchten Aufmerksamkeit, Zuhören, Nachfragen und Anteilnahme, wie auch sexuelle Erfüllung. Denken Sie einmal nach, wann Sie etwas für Ihre Familie und Ihren Partner getan haben.

9. Zutat: Visionen

– das Prinzip von Tui, dem Metallischen, das zukunftsorientiert ist

Ein wesentlicher Punkt des Erfolges besteht darin, dass Sie nicht nur auf Ihre Mitbewerber schauen, sondern auf das, was Sie erreichen wollen. Sehen Sie Ihre Ziele bereits verwirklicht, sodass genügend Energie bereitsteht, um dieses Ziel zu erreichen? Man spricht hier vom »visionären Management«. Haben Sie Visionen? Wenn Sie diese klar vor Augen sehen und Ihr Glaube diese im Visier hat, können Sie jedes gewünschte Ziel erreichen. Beispiel: Sie wollen den besten Verkauf eines Produktes erreichen und Sie sehen sich in Zukunft als den größten Verkäufer aller Zeiten. Wenn aber Ihr Glaubenssystem Ihnen das nicht zutraut, dann werden Sie Ihr Ziel nicht erreichen. Bedenken Sie, dass sich allein mit Hilfe des Glaubenssystems etwa neun Mal häufiger Erfolg einstellt, als »nur« mit Intelligenz.

10. Zutat: Gute Übereinkünfte

– das Prinzip von Chien, dem Metallischen, das prinzipientreu ist

Wer eine *gute Übereinkunft mit seinen Angestellten und Geschäftspartnern* hat, der ist dem ersehnten Ziel seines Wirkens näher.

So können Sie dies bewerkstelligen: Hören Sie gut zu und merken Sie sich Namen, wie persönliche Dinge Ihrer Geschäftspartner und Mitarbeiter, dann können Sie auch im richtigen Augenblick für kleine Aufmerksamkeiten und Nachfragen sorgen. Das bringt Nähe und Vertrauen.

Vorsätze

Es geht mir gut mit meiner Arbeit,
wenn ich weiß, was ich will, wie und wann ich es will;
wenn ich etwas mutig in Angriff nehme und mir zutraue, dass ich es fertig bringe;
wenn ich die Herausforderung annehme, gegen Schwierigkeiten, Ängstlichkeit, Bequemlichkeit durchzuhalten;
wenn ich klar sehen kann, dass ich Hilfe brauche und sie mir auch holen kann;
wenn ich meine Kraft spüre, meine Energien fließen lassen kann;
wenn ich sagen kann, so ist es gut, so kann ich abschließen, loslassen.

(Verfasser unbekannt)

3

Wer braucht Feng Shui?

Jeder Mensch braucht Feng Shui, um seinen Lebensplan unterstützen zu können. Im einundzwanzigsten Jahrhundert verlangt das Business nach »neuen« Methoden. Wer die Gesetzmäßigkeiten von Feng Shui verstanden hat und praktiziert, kann nachvollziehen, warum sich diese alte Wissenschaft bis in die heutige Zeit erhalten konnte. Ehemals stand sie nur den herrschenden Kreisen und einer begrenzten Oberschicht zur Verfügung. Ich bin überzeugt davon, dass jeder Gewerbetreibende Feng Shui für sein Business wie für seine Familie und Privatsphäre benötigt, um auch dort regenerierende und harmonisierende Kräfte anzuziehen.

Mit Feng Shui-Kenntnissen betrachtet, ist verständlich, warum der eine Mensch mehr und der andere weniger Erfolg hat. Feng Shui wirkt sich auf jede menschliche Zelle aus und erzeugt durch das Resonanzverhalten – wie außen, so innen – Gesundheit und Wohlbefinden, und das nicht nur bei der Geschäftsleitung, sondern bei allen Mitarbeitern und Firmenangestellten. Es ist ein Segen, weniger Ausfall durch kranke Angestellte zu haben und zu sehen, dass die Belegschaft mit Freude zur Arbeit kommt, weil das innerbetriebliche Klima mit Feng Shui sehr angenehm ist.

- **Shirley McLaine, Wolfgang Joop, Suzi Quattro, Sophia Loren und viele andere ließen sich eine Feng Shui-Beratung angedeihen, um auf allen Ebenen des Lebens die wohltuende Wirkung des Feng Shui für sich in Anspruch nehmen zu können. Was sie und Donald Trump, der sich hinsichtlich seines »Trump-Towers« beraten ließ, verbindet, ist ihr kleines Geheimnis um Wind und Wasser.**

Ein großer Prozentsatz aller Geschäftsabschlüsse wird über die Ebene der nicht bewussten Wahrnehmungen getätigt. Signale werden durch Farben, Gerüche, Klänge und Mobiliar gesendet. Wer die Spielregeln kennt, kann zu einem Magnet für Reichtum werden. Als beispielsweise die Redaktion des Nachrichtenmagazins *Far Eastern Economic Review* in neue Büroräume zog, bauten sie erst einmal um. Der Grund dafür war die Empfehlung eines Feng Shui-Experten. Die Eingänge wurden verlegt, um positive Energie zum Büro des Chefs zu leiten. Sonst wäre das Chi, die Energie, am Büro des Chefs vorbeigeflossen, die Zeitung hätte an Prestige und Umsatz verlieren können.

- **In Asien, Kanada, Amerika und zusehends auch im europäischen Raum wird im geschäftlichen Bereich ein Großteil der Bauvorhaben durch Feng Shui-Experten beraten. Erklärtes Ziel ist es, Reichtum, Erfolg und Anerkennung des Unternehmens sicherzustellen.**

Liegenschafts- und Kapitalanlageentscheidungen werden mit Hilfe erfahrener Feng Shui-Berater getroffen. Ob die *Bayerische Vereinsbank* ihre Filiale in Singapur eröffnet oder *Siemens* nach Wuhan in China geht oder die *Hongkong und*

Shanghai Bank in Hongkong »ihre Zelte aufschlägt«, immer steht hinter einem umsatzstarken Unternehmen die Feng Shui-Beratung durch einen Experten. So auch bei Richard Branson, Inhaber des *Musikkonzerns Virgin*, der sich nur noch mit seinen asiatischen Geschäftspartnern trifft, wenn sein Feng Shui-Experte ihm dafür grünes Licht erteilt. Denn dieser kann besonders günstige Termine für geschäftliche Vorhaben ermitteln. Auch der Chefarzt Dr. Wolfgang Rother von der *Inntalklinik für integrierte Psychosomatik und Ganzheitsmedizin* hat im Sinne des Feng Shui das ganze Krankenhaus mit Windspielen, Naturbildern und Zimmerbrunnen ausgestattet, um die Gesundheit seiner Patienten nachweislich zu fördern. Auch der praktische Arzt, Dr. Frank Spiegel, der seinen Patienten mit chronisch labilem Allgemeinzustand Feng Shui-Maßnahmen für zu Hause empfahl, hatte sich ebenso von der Wirkung dieser alten Kunst überzeugen lassen. Nach kurzer Zeit ging es fast allen seinen Patienten besser!

Immobilienmakler, Architekten, Vermögensverwalter wie auch Anleger wissen, dass ein Haus mit einem guten Feng Shui – und damit einer hohen Energie – gut verkauft werden kann. Feng Shui hat mittlerweile bis zur Stadtgestaltung hin Einzug gehalten. So werden Plätze und Neubausiedlungen nach Chi, *Wind* und *Wasser,* ausgerichtet. So auch in Wiesbaden, der Stadt, der ich nah verbunden bin. Ich legte in Zusammenarbeit mit Dipl. Ing. Christoph Schumann ein völlig neues Konzept für die Gestaltung des »Platzes der Deutschen Einheit« vor, das schon vom äußeren Erscheinungsbild auf große Sympathien stieß.

Bekannte Banken im In- und Ausland arbeiten mit Feng Shui-Experten hinter verschlossenen Türen, um dann an bestimmten Stellen Palmen und Wasser zu integrieren, Eingänge und Büros um- oder neu zu gestalten.

Große Springbrunnen und steinerne Löwen (Keiloons), Lichter und Kugeln vor dem Eingang der Hotelhalle des *Peninsula* in Hongkong sind beispielsweise konkrete Umsetzungen von Feng Shui-Empfehlungen. Sie heben das Prestige und den Umsatz. Warum sollten nicht auch Sie von den Kenntnissen profitieren und morgen erfolgreicher sein denn je? Ich freue mich für Sie auf Ihr persönliches, gutes Feng Shui! Beginnen Sie noch heute. Es lohnt sich. Mit dem Studium dieses Buches haben Sie bereits den Anfang gemacht. Dann aber sollten Sie systematisch dazu übergehen, Ihr Umfeld Schritt für Schritt zu verändern, um die wohlwollenden Kräfte in Ihr Leben zu holen.

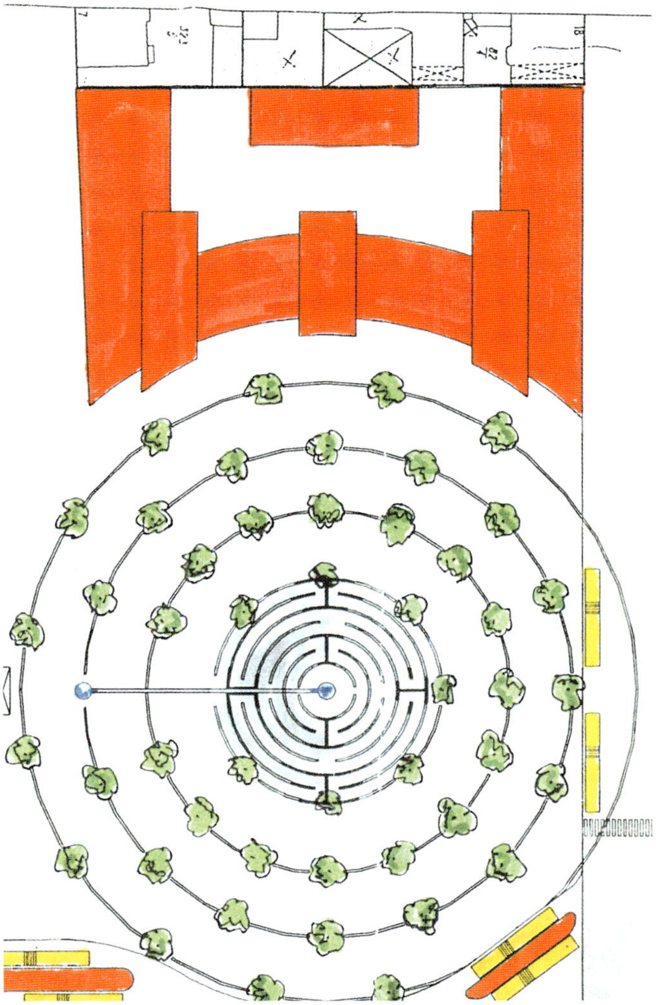

Die Dinge sind dazu da,
dass man sie benutzt,
um das Leben zu gewinnen ...

Lü-shih Chùn Chiu

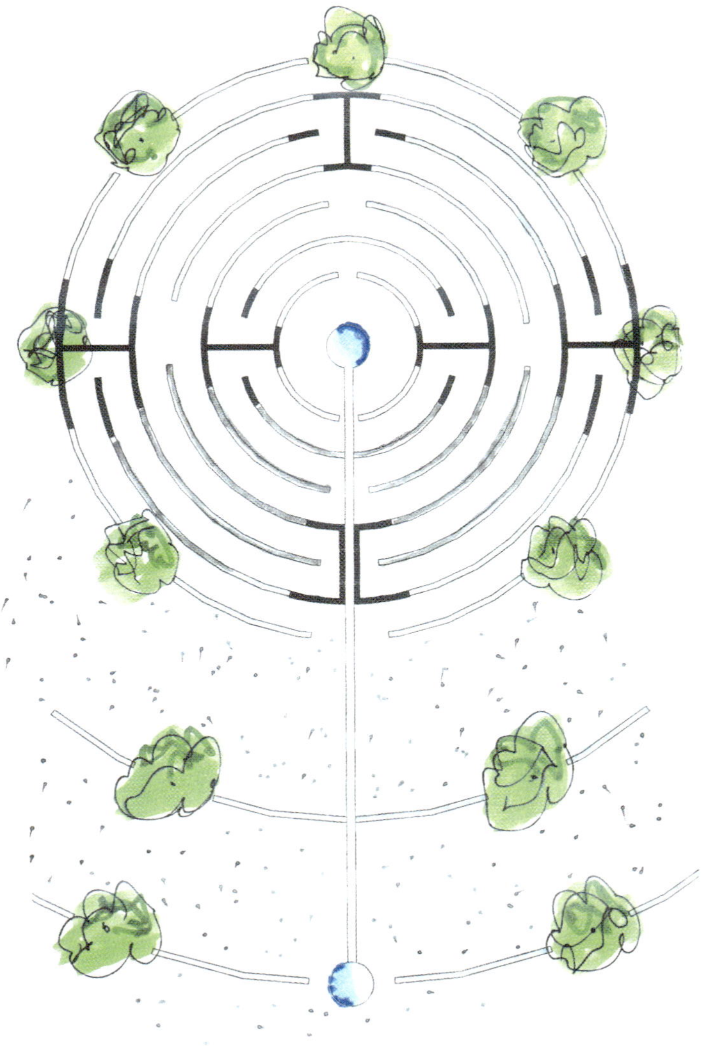

4

Wie wirkt der Interieur-Erfolgs-Faktor?

Mit dem Interieur-Erfolgs-Faktor können Sie sich einen Vorsprung gegenüber Ihren Konkurrenten und Mitbewerbern verschaffen. Deshalb vermeiden Sie ungünstiges Feng Shui.

So wirkt ein ungünstiges Feng Shui

- Es kann Unzufriedenheit zwischen Unternehmern und Angestellten erzeugen.
- Es kann zu Lethargie, bis hin zur depressiven Grundhaltung führen.
- Es können gesundheitliche Probleme immer wieder auftauchen, die sowohl die Leistungsfähigkeit als auch den Optimismus beeinträchtigen.

Geschäftszusammenbrüche verdanken ihren Konkurs zu einem hohen Prozentsatz einem weniger günstigen Feng Shui. Mit Beratern wären sie gesündere und leistungsfähigere Unternehmen geworden!

So wirkt sich ein günstiges Feng Shui aus

- Durch ein energievolles Interieur können Sie eine Atmosphäre schaffen, in der sich jeder wohl fühlt. Diese Atmosphäre wirkt wie ein Magnet auf Kunden, wie auf Mitarbeiter.
- Feng Shui kann Ihnen helfen, die Krankenstandsrate zu senken.
- Sie schaffen mit Feng Shui eine Arbeitsatmosphäre, in der jeder motiviert ist, sein Bestes zu geben.

Die Prinzipien von Wind und Wasser, Himmel und Erde enden nicht im Interieur. Ihre Wirkungen gehen in alle Bereiche des Business. Sie sind gleichermaßen gültig und vortrefflich geeignet, um das Firmenlogo analysieren zu lassen oder den Briefkopf der Firma zu überdenken. Bekannte Logos wie das der Firmen *Wella*, *Times*, *Spiegel* sowie der Automarken *VW* und *GM* gelten beispielsweise vom Feng Shui-Standpunkt her als sehr erfolgverheißend.

5

Ziel des Feng Shui

Mit Feng Shui ein Umfeld von Schönheit, Ästhetik und Harmonie zu schaffen ist das vordergründige Ziel und Anliegen. Ausstrahlung und Anziehungskraft auf andere nehmen in dem Maße zu, wie Sie, Ihre Kollegen und Mitarbeiter sich wohl fühlen. Das entspricht dem holistischen Denken. Erfolgreich ist man in einem Ambiente von Gegenständen, die für das Auge angenehm sind: Möbel, die man gern berührt, Bilder, die aufbauen und Einrichtungsanordnungen, die neue, kreative Wege im Business eröffnen.

Als ich zur Beratung eines französischen Champagner-Giganten gerufen wurde, war ich nicht verwundert, dass seine Umsätze nicht zum Besten standen. Der Eingang war desolat und in seinem Büro waren es unter anderem auch die Lichtverhältnisse, der Geruch und der Zustand des Mobiliars. Er sagte, dass er ungern in seinem Büro sei und am liebsten die Flucht ergreife, sobald sich ihm die Gelegenheit biete. So war er in der Tat mit seinen Geschäftspartnern lieber außerhalb der Firma zur Besprechung im Restaurant. Seine Mitarbeiter tanzten ihm, wie er meinte, auch zusehends auf dem Kopf herum. Der Krankenstand sei hoch und die Stimmung im Unternehmen ließe zu wünschen übrig. Was seine Lieferanten aus Frankreich anbelange, so gebe es zusehends mehr terminliche Schwierigkeiten und Engpässe mit den Lieferungen. Ein klarer Feng Shui-Fall: Herstellung eines aufbauenden Interieurs mit hoher Energie. Anregungen zur neuen Definition seiner Ziele. Was er brauchte, war in diesem Zusammenhang auch eine neue Ausrichtung des Schreibtisches und des Eingangsbereichs. Auf meinen Rat hin ließ er den Eingangsbereich mit Wasser und Pflanzen gestalten, die Treppenstufen neu belegen und stellte im Unternehmen an vorher genau festgelegten Plätzen Wasserbrunnen und Pflanzen auf. Die Wände wurden neu gestrichen und die Bodenbeläge gewechselt. Große Wandbilder und schöne Lichtsituationen schufen gemeinsam mit einer neuen Ausrichtung seines Schreibtisches ein völlig neues Gefühl in den Räumen. Das Ergebnis war in seinem Fall, dass er lieber im Büro war als außerhalb und damit auch die Kontrolle über die Firmengeschicke wieder gewann. Der Champagner-Absatz stieg innerhalb von einem Jahr auf ein Plus von 12%!

- **Die einen nennen es Zufall, die anderen nennen es den Interieur-Erfolgs-Faktor. In einer ausgeglichenen, harmonischen Arbeitsatmosphäre ist jeder imstande, sein Bestes zu geben, sodass Vitalität und Engagement die natürlichen Folgen sind.**

Der Mensch, Sie und ich, wir haben möglicherweise unterschiedliche Lebensziele, aber diese berühren immer neun Bereiche des Lebens. Dort hinein stecken wir unsere Energie. Reichtum ist nur eines von neun möglichen Lebenszielen. Allen anderen gilt im Feng Shui ebenso die Aufmerksamkeit. Ist ein Bereich verkümmert, sind die Energien einseitig, und es kann Probleme geben. Das erklärte Ziel von Feng Shui-Praktiken ist, alle neun Bereiche in Balance zu bringen und zu halten.

Eine Geschäftspartnerin aus Süddeutschland hatte ein florierendes Unternehmen im Bereich der Lebensmittelherstellung aufgebaut. Es wuchs und expandierte von Jahr zu Jahr. Die ganze Aufmerksamkeit war voll und ganz auf ihren beruflichen Werdegang, auf Expansion und den Aufbau des Prestiges der Firma gerichtet. Als ich einmal zu ihr kam, um über die neue Werbung aus Feng Shui-Sicht zu sprechen, klagte sie mir ihr Leid: »Mein Mann und ich haben uns weit voneinander entfernt und ich habe das Gefühl, dass ich mit ihm nur noch übers Geschäft reden kann.« Ich fragte sie, ob sie in ihrem Haus auch dem Bereich der *Partnerschaft* einen Platz eingeräumt hatte. Dies musste nicht zwangsläufig in der Himmelsrichtung Südwesten sein, die dem partnerschaftlichen Miteinander aus Feng Shui-Sicht zugeordnet ist. So bat ich sie, sich zu erinnern, wo sie etwas und vor allem wann sie das letzte Mal etwas mit voller Energie und Absicht für ihren Partner getan hatte. Im Feng Shui-Sinn war klar, was zu tun war. Gerade dem Lebensbereich Partnerschaft gehörte eine Portion mehr Aufmerksamkeit, um die Lebensbalance wieder herzustellen. Diese Balance hilft, erfolgreich auf allen Ebenen zu sein. Innerhalb eines Jahres hatte sich ihr Leben gewandelt. Erfolgreich hatte sie gerade ein Tochterunternehmen in der Schweiz gegründet, eine Familienaufstellung nach *Hellinger* mit ihrem Mann besucht und mir strahlend mitgeteilt: »Wir sind seit zwei Monaten im Tanzclub und haben sehr viel Spaß...« Manchmal bedarf es nur eines äußeren Anstoßes, um schon lange gehegte Pläne in die Tat umzusetzen, und dies kann mit Hilfe des Feng Shui durchaus geschehen.

6

Die neun Lebensbereiche

Die Lebensbereiche

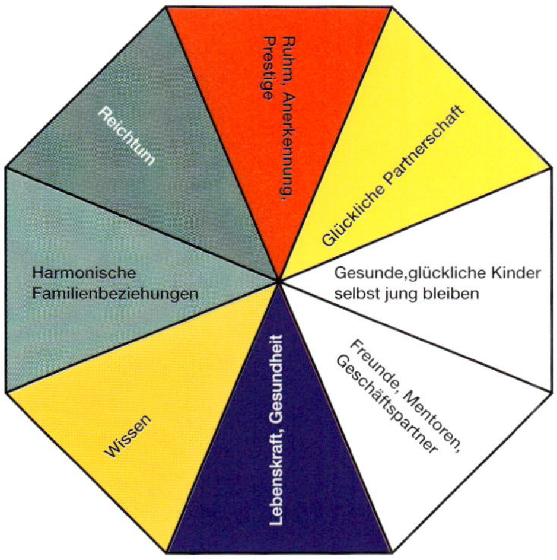

1. Ziel: Die Erhaltung unserer Lebenskraft und Gesundheit.

2. Ziel: Die Erlangung einer glücklichen Partnerschaft.

3. Ziel: Die Gestaltung von harmonischen Familienbeziehungen.

4. Ziel: Die Kinder gesund und glücklich zu wissen und selbst jung zu bleiben.

5. Ziel: Wir wollen Wissen, denn dies ist Macht. Wir wollen aber auch wissen, wer wir sind, woher wir kommen und warum wir hier sind.

6. Ziel: Erlangung von Reichtum, reichlich von allem zu haben.

7. Ziel: Freunde, Mentoren und Geschäftspartner anzuziehen, die uns im Leben weiterbringen und unterstützen.

8. Ziel: Gilt dem Streben nach Ruhm, Anerkennung und Prestige.

9. Ziel:
Ruhe/Harmonie und Geborgenheit erlangen.

Im Zentrum der acht Lebensbereiche des Denkens und Handelns steht das Tai-Chi: die Verbindung von Himmel und Erde. Dort steht sinnbildlich der Weise und ist mit beiden Beinen auf der Erde und dem Kopf im Himmel. So empfängt er, weil er in Einheit mit sich, dem Himmel und der Erde ist. In der Tat, im Zentrum des Seins können wir die Familie, die Kinder, die Gesundheit usf. genießen und uns daran erfreuen. Im Zentrum ist auch die Energie, die uns darauf aufmerksam macht, dass alle Ziele, die wir erreichen wollen, in unserem Leben mit einer Anbindung nach »oben« verfolgt werden sollten und wir so unsere täglichen Aufgaben und Ziele besser erfüllen können.

Die räumliche Umsetzung von Feng Shui-Maßnahmen entspringt in der Regel dem Wunsch, auf den oben genannten neun Sektoren etwas verändern oder erreichen zu wollen. Man könnte es das »Bagua im Kopf« nennen, denn alle neun Bereiche des Denkens sind auch mit den materiell existierenden Räumen um uns verbunden.

An Ihnen liegt die Definition dessen, was Sie erreichen wollen und in welchem Zeitraum. Je klarer Ihre Visionen sind, umso schneller bringt Feng Shui Sie ans Ziel. Damit Sie klar und deutlich erkennen können, was Sie wirklich wollen, sollten Sie sich Zeit nehmen und ganz zu sich selbst kommen. Verwöhnen Sie sich! Wie sollten Sie sonst Zeit für andere haben und wirklich erfolgreich sein können, ohne Ihre Gesundheit, Ihre Partnerschaft oder Familie zu gefährden? Setzen Sie sich auf eine Bank im Park, um nachzusinnen, gehen Sie in die Sauna, den Wald oder zum Wasser, um sich klar darüber zu werden, was Sie wollen. Oder joggen Sie in den frühen Morgenstunden, im Einklang mit der Natur. Eine halbe Stunde am Tag still nachgedacht, in sich geruht und versunken, kann mehr bewegen, als ein Tag in Hektik und Stress ohne ein Ziel vor Augen. Wenn Sie dies geschafft haben, dann werden Sie nicht mehr hauptsächlich reagieren, Sie werden der Akteur in Ihrem Leben sein! Sie bestimmen, wer Ihnen wann wieviel Zeit raubt und wem Sie Ihre kostbare Zeit schenken möchten.

Neben diesen Überlegungen sind unsere Lebensräume, unter anderem auch das Büro oder Geschäft, der Spiegel dessen, was wir denken. Hier setzen wir bewusst unsere beruflichen Lebensziele um.

Die guten Bilanzen und die Zufriedenheit auf Seiten des Unternehmens wie der Geschäftspartner sind das Resultat. Die *Saks Fifth Avenue* in Chicago hat beispielsweise im rechtsseitigen Eingangsbereich Bäume stehen, die das Gefühl von Wachstum und Gedeihen vermitteln. Springbrunnen verbessern im Inneren des Eingangsbereiches die Luftfeuchtigkeit, sodass ein Wohlfühlklima entsteht. Da Wasser mit dem Gedanken des Lebens und Wohlstandes verbunden ist, lädt man so den Eingang mit »Reichtumsenergie« auf.

Auch hierzulande gibt es exzellente Feng Shui-Beispiele. Ein Second Hand-Geschäft in Wiesbaden, das je nach Jahreszeiten und besonderen Feiertagen sein Schaufenster dekoriert, hat ein ausgezeichnetes Prinzip von Wind und Wasser, und es erzielt so mehr Umsatz, Prestige und Marktwirkung als die Konkurrenz.

Was einem *zufällt*, ist die Folge von Ereignissen, die man selbst verursacht hat. Schaffen Sie sich ein Klima des Erfolges und arbeiten Sie auf mehreren Ebenen, nämlich im Bewusstsein, auf der Gefühlsebene und im äußeren Ambiente zugleich. Ihre Kollegen und Mitarbeiter spüren den Unterschied sehr schnell. Wo einmal mit dem Interieur-Erfolgs-Faktor gearbeitet wurde, ist das Resultat verblüffend. Ich wiederhole mich an dieser Stelle gern: Von der Chefetage bis hin zu den Lagerarbeitern und Lieferanten – sie alle fühlen sich motivierter, kommen gern zur Arbeit, sind weniger krank und bereit, ihr Bestes zu geben. Auch jeder Kunde spürt Feng Shui, kommt gern wieder und hält Ihnen die Treue.

- Nichts ist zufällig – zufriedene Kunden, motivierte Mitarbeiter, mehr Umsatz, Marktführung sind Resultate, keine Zufallsprodukte!

- Die Botschaft, die Sie mit Feng Shui senden, ist: Sei willkommen, trete ein, verweile, fühle dich wohl und empfiehl uns weiter!

Ihr Ziel wird Ihnen Kraft geben, ist nur die Vision stark genug. Mit Vision meine ich ein großes Bild. Nicht etwa, dass Sie sich ein Auto, mehr Geld oder ein Haus wünschen. Mit Vision ist gemeint, dass Sie sich beispielsweise als besten Spielzeughersteller des Landes sehen und dabei das Vorbild eines berühmten Menschen vor sich haben, der durch seine Ideen besticht. Wie stolz werden Ihre Familie, Ihr Vater oder Ihre Mutter sein? Stellen Sie sich die Situation im Detail vor. Welche Vision auch immer Sie persönlich haben, es wird Zeit, sie aufzuschreiben, an eine Pinnwand zu heften und jeden Tag zu visualisieren. Sie werden dann alles erreichen, was Sie sich vorstellen, Feng Shui unterstützt Sie dabei und gibt Ihnen Kraft und Durchhaltevermögen.

Seien Sie gewiss, Feng Shui unterstützt Sie bei allem, was Sie erreichen möchten.

**Ein Weg entsteht,
indem man ihn geht.**

Chuang-tzu

7

Erfolg durch die Nutzung von Chi

Nutzen nicht alle Erfolgreichen dieser Welt die Kraft des kosmischen Atems, die Lebensenergie, das Chi des Universums? Wenn ja, wie ist diese Kraft anzuzapfen? Woraus besteht sie? Die Physiker sind sich einig: So wie das Quantenfeld wird Chi als »dünne, nicht wahrnehmbare Form von Materie« aufgefasst. In Europa hat Heraklit die Theorie vom ewigen Fließen der Energie geprägt. Das schwingende Quantenfeld, das sich im rhythmischen Wechsel bewegt, formt die Dinge um uns herum. So sind Flora und Fauna entstanden. Chi ist eine universelle Energie, die in Indien unter den Begriffen Kundalini und Shakti (geistige Energie) bekannt ist. Feng Shui selbst enthält zwei Arten von Chi: das *Feng* oder Tien-Chi, das als das Chi des Himmels oder »Gast-Chi« bezeichnet wird, andererseits *Shui, das* Ti-Chi, die Kraft der Erde, die in so genannten Drachenadern, Bergen und Tälern fließt.

Das Chi fließt aber auch mikrokosmisch betrachtet in den Lebensadern des Körpers auf so genannten Energiebahnen, den Meridianen. Die Hindus nannten das Chi auch Prana und hatten dabei die Vorstellung von einer alles durchdringenden Kraft.

Die Japaner kultivierten das Chi, auch Qi genannt, und nutzten die Kraft für Kampfsportarten. Die Chinesen beobachteten ihrerseits, dass es sich sammelndes und zerstreuendes Chi gibt.

Das sammelnde Chi ist für alle Feng-Shui-Anwendungen von immenser Bedeutung. Alle Feng Shui-Maßnahmen sind darauf ausgerichtet, Chi zu sammeln oder zu leiten.

Das Grundprinzip ist der Natur abgeschaut, denn Chi sammelt sich in Mulden und Höhlen. Chi wird auf der Ebene in alle Winde zerstreut, weshalb man sich auch auf großen, ungeschützten Plätzen nicht immer wohl fühlt. Schnell wirbelndes Chi ist nicht segensreich für profitable Geschäfte. Es würde dafür sorgen, dass das Unternehmen nicht von langem Bestand wäre. Auf langen, geraden Straßen und ebensolchen Fluren fließt Chi rasant schnell. Stellen Sie sich vor, dass Wohlstand bringendes Chi sich in einem Zug befände. Überall wo der Zug hält, kann Chi aussteigen und Wohlstand verbreiten. Wenn der Zug aber permanent an Orten vorbeirasen würde, ohne ein Quäntchen seines Chis abzuladen, dann würden diese Gegenden verarmen.

Das glückbringende Chi möchte auch zu Ihnen kommen, Sie brauchen ihm nur noch einen »Bahnhof« zu bauen. Das ist Ihre Investition. So schaffen Sie Haltestellen oder eine so genannte »Energiesammelstelle« für das Chi und damit für das Glück. Stellen Sie sich vor, Sie würden versuchen, Suppe von einem Brett essen zu wollen. Ohne die konkave, aufnehmende Form des Tellers bleibt Ihnen die Nahrung verwehrt. Schafft man dementsprechend zunächst eine aufnehmende Form, kann sich nachfolgend auch das Chi dort sammeln. Draußen ist Chi überall dort wohltätig, wo windgeschützte Situationen anzutreffen sind und die Gestaltung Schutz und Geborgenheit bietet.

Chi muss die Möglichkeit erhalten, sich sammeln zu können. Das kann an einem Springbrunnen, einer Parkanlage, einem Teich und dort sein, wo begrünte Plätze mit Möglichkeiten zum Verweilen einladen, windgeschützt sind, die warmen Sonnenstrahlen einfangend aber schattig genug, um in der Sommerhitze Schutz zu bieten. Wo sich Chi sammelt, sind Wohnungen teuer und Geschäfte gedeihen.

Sie, ein Mensch der nach vorn strebt, Sie, eine Geschäftsfrau oder ein Geschäftsmann, die/der Sie voll im Leben stehen, lade ich ein, Chi mit dem Aufmerksamkeitsgrad eines Menschen zu vergleichen und aus dieser Perspektive Betrachtungen anzustellen. Wohin Ihre Aufmerksamkeit fließt, dorthin folgt ihr auch das Chi.

Wasser sammelt Chi vor dem Wiesbadener Kurhaus

8

Die geheimnisvolle Balance von Yin und Yang

In der chinesischen Tradition gehen alle Handlungen von dem Prinzip des Gegensatzes – Yin und Yang – aus. Obwohl sie vollkommen gegensätzlich sind, symbolisieren sie in ihrer gemeinsamen Verbindung die Ganzheit, das Tao. Die himmlische und irdische Harmonie ist nur vollkommen, wenn sich die Urkräfte Yin und Yang fließend begegnen: so wie sich der Tag mit der Nacht abwechselt, auf den Frühling der Sommer folgt und auf den Regen der Sonnenschein. Verschiedene Emotionen, Verhaltensweisen und Charaktereigenschaften werden durch Yin und Yang symbolisiert, ebenso alle anderen Aspekte der Welt.

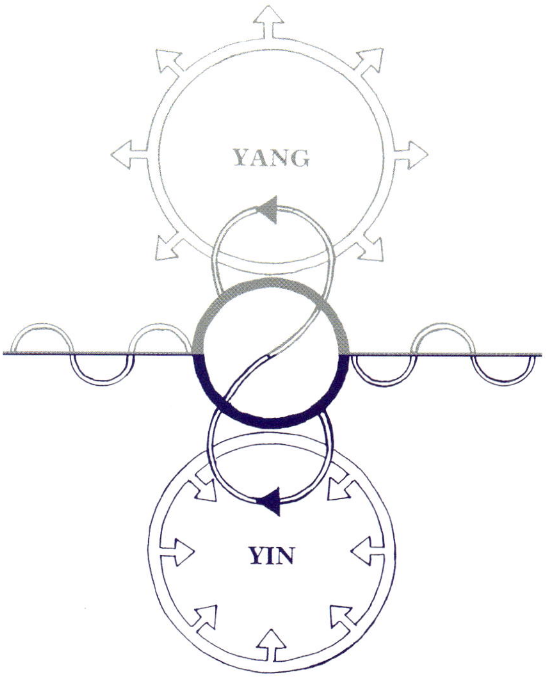

Yin und Yang sind nicht statisch, sondern sie verändern sich. So wie ein Bach zur Zeit der Eisschmelze sich in einen reißenden Fluss verwandeln kann und damit vom Yin zum Yang avanciert, so kann irgendwann auch ein kleiner Baum übermächtig groß werden und ein Zuviel an Yang gegenüber dem Haus und seinen Bewohnern bekommen. Wer erfolgreich agieren möchte, sollte um sich herum eine Balance von Yin und Yang erreichen. So sollten sich glatte Oberflächen mit rauen abwechseln, große, offene Hallen ihr Pendant in gemütlichen Besprechungsräumen finden. Sonnendurchflutete Eingänge sich mit schattigen Büroräumen die Waage halten und helle Einrichtungen auf der Waagschale der Gegensätzlichkeiten auch dunkle Einrichtungselemente erhalten.

Yang ist quasi ein Sammelbegriff für: hell, männlich, warm, den Himmel, die Berge, die aufrecht strebende Kraft vertikaler Linien. Yang ist die nach außen gerichtete Kraft, die sich durch ungerade Zahlen definiert. Yang ist hoch, laut und mächtig.

Im Gegensatz dazu lebt die Urkraft Yin in den Flüssen und Seen, in der Ruhe und Besinnlichkeit. Auf grünen Wiesen, in kühlen Nächten und geraden Zahlen. Yin zeigt sich in der Stimmung des Abends, der Nacht, der Vergangenheit, in Tälern und in der Kraft, die nach innen gerichtet ist.

- Die wesentliche Erkenntnis des Feng Shui besteht darin, dass sich die Kräfte des Yin und Yang anzapfen lassen, da sie überall vorhanden sind. Es erfordert Achtsamkeit, diese Kräfte in der Landschaft, in den Farben und Formen, in Emotionen und Charaktereigenschaften zu erkennen.

Das Dao

Der Weg des Weisen, das Dao,
ist der Weg des Wassers.
Damit es Leben geben kann, muss es Wasser geben,
frei fließt es überall hin.

Die auf dem Weg des Dao wandeln, müssen sein wie Wasser,
zufrieden mit dem Ort, an dem sie sich befinden,
und das ist nicht selten dort,
wohin das Wasser fließt.

Tao Te King

9

Yin und Yang im Überblick

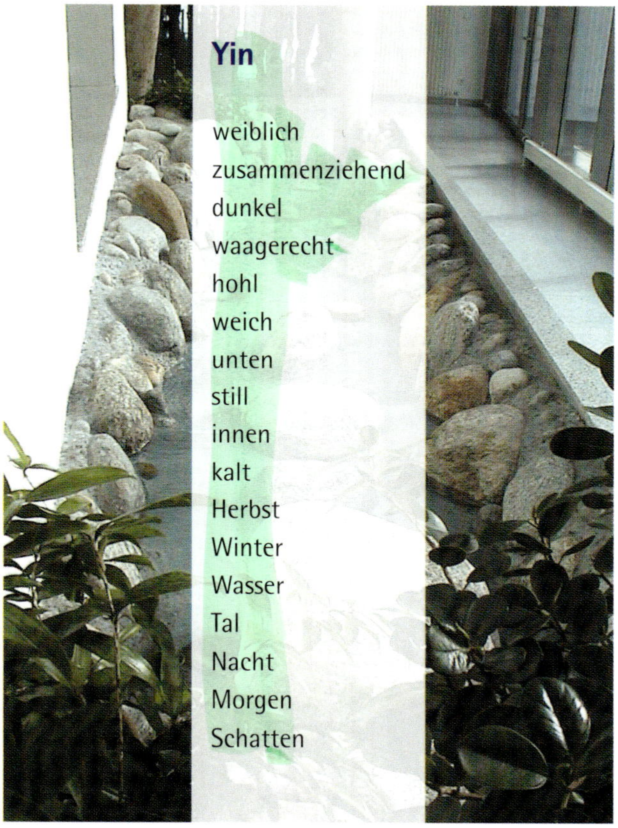

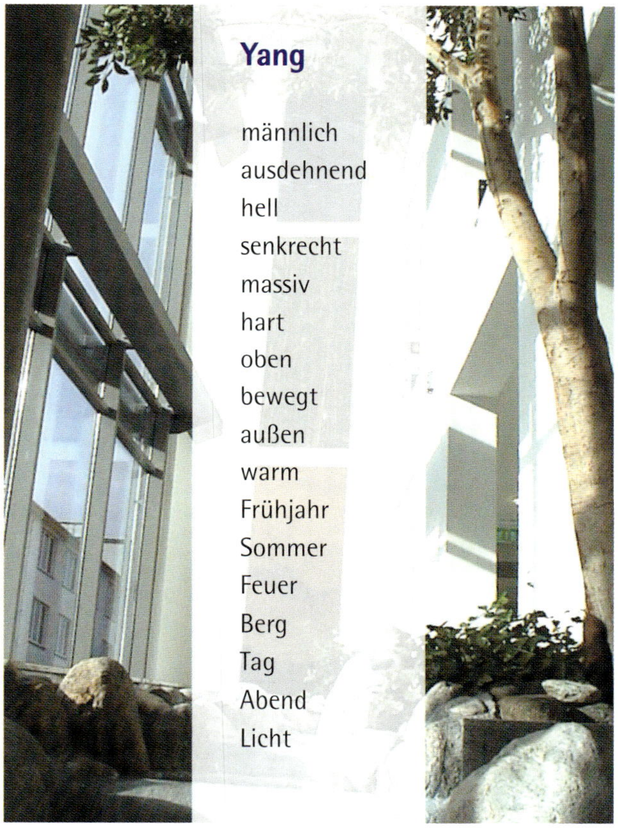

Yin und Yang nehmen innerhalb jeder Firmenberatung eine Schlüsselposition ein. Yin und Yang ergänzen sich idealerweise zur Gesamtharmonie. Niedrige, dunkle Räume mit dunklen Belägen und düsteren Bildszenen verkörpern übermäßiges Yin, die Kraft, die weniger antriebsstark wirkt. Das könnte bedeuten, dass diese Räume den dort Beschäftigten wenig Möglichkeiten bieten, deren Kreativitätspotenzial und Arbeitsproduktivität zu unterstützen. Yin symbolisiert im positiven Sinne den kühlen, friedvollen und ruhigen Aspekt. Anders verhält es sich auf der Waagschale der Gegensätze mit Yang. Diese Form von Chi, Yang, wird als lebhafte, leichte, pulsierende und aktive Energie bezeichnet und führt zu Optimismus und dem Verlangen, etwas zu unternehmen. Yin und Yang, die beiden polaren Gegensätze, ergeben in ihrer Wechselwirkung das nötige Gleichgewicht und Harmonie. Da zwei Drittel Yang- und ein Drittel Yin-Bereiche in der Firma ein gutes Gleichgewicht darstellen, lassen Sie uns zunächst den Yang-Aspekt genauer betrachten.

Yang für ein erfolgreiches Business

- große Fenster
- Betonungen der Vertikalen
- Deckenfluter oder entsprechende Beleuchtung
- kräftige Farben wie Gelb, Rot, Orange
- großblumige Muster
- bewegliche Objekte
- große und kräftige Pflanzen
- hohe Wasserobjekte und Springbrunnen
- große Bilder mit lebensbejahenden, optimistischen Inhalten
- Betonungen der Vertikalen
- Glatte, spiegelnde Flächen

Die Morgensonne kommt in Ihre Räume? – Pure Yang-Energie durchflutet Sie. Wenn nicht, dann schaffen Sie sich mit Farben, Beleuchtung und Einrichtung dieses Ambiente. Yang-Räume bringen Wachstum und Fortschritts-Energie mit sich. Sie beflügeln uns und wecken ungeahnte Potenziale.

Yang-Energie schaffen Sie durch klare, strahlende Farben und vertikale Formen, so dass das Arbeitsklima von Freude und Elan getragen wird. Nachfolgend möchte ich Ihnen gern einige Möglichkeiten zeigen, mit welchen Mitteln Sie einem Raum kreative Energie, nämlich Yang, vermitteln können:

Wählen Sie für Ihr Business zu zwei Dritteln Yang und zu etwa einem Drittel Yin. Yin gibt Ruhe, Besonnenheit, Rückzug, es wirkt weich, gemütlich, warm und einladend.

Yin für ein erfolgreiches Business

- dunkle Bodenbeläge
- weiche Sitzmöbel
- samtige, schwere Stoffe und Möbel
- kleinkarierte Muster
- schwere Gegenstände
- Ruhebereiche
- Bilder mit stillem, beschaulichem Inhalt
- kleine Tischleuchten oder indirekte Beleuchtung
- kleine Fenster
- sitzende oder liegende Figuren
- Betonung der Horizontalen
- schattige Bereiche
- kühle und dunkle Farben wie Blau, Grün und Schwarz
- raue und stumpfe Oberflächen

Yin und Yang zu balancieren ist wie auf dem Seil zu tanzen. Zu viel Yin auf der einen oder zu viel Yang auf der anderen Seite bringen den Seiltänzer aus dem Gleichgewicht.

Manager japanischer Firmen ziehen sich zwischendurch gern in Klöster zurück, um dem Yang, dem Schnellen, dem Tagesgeschäft einen Gegenpart zu bieten. Es gibt bereits Hotels, die das Gleichgewicht von Yin und Yang hergestellt haben und sich deshalb einen Namen als Erholungsoasen erworben haben.

- **Wenn es in Ihrem Arbeitsbereich Hektik gibt und zu wenig Effizienz, dann prüfen Sie zunächst die Ausgewogenheit von Yin und Yang.**

Helle und dunkle Flächen sollten sich beispielsweise mit rauen und glatten Oberflächenstrukturen abwechseln.

Ein Faktor kann auch in Ihrem inneren Feng Shui liegen, nämlich in der Art, wie Sie auf Stress reagieren. Häufig ist ein ungünstiges häusliches Feng Shui Stressauslöser. Das kann in der Folge zu Problemen in der Familie führen und deshalb die Geschäfte auch nachhaltig ungünstig beeinflussen.

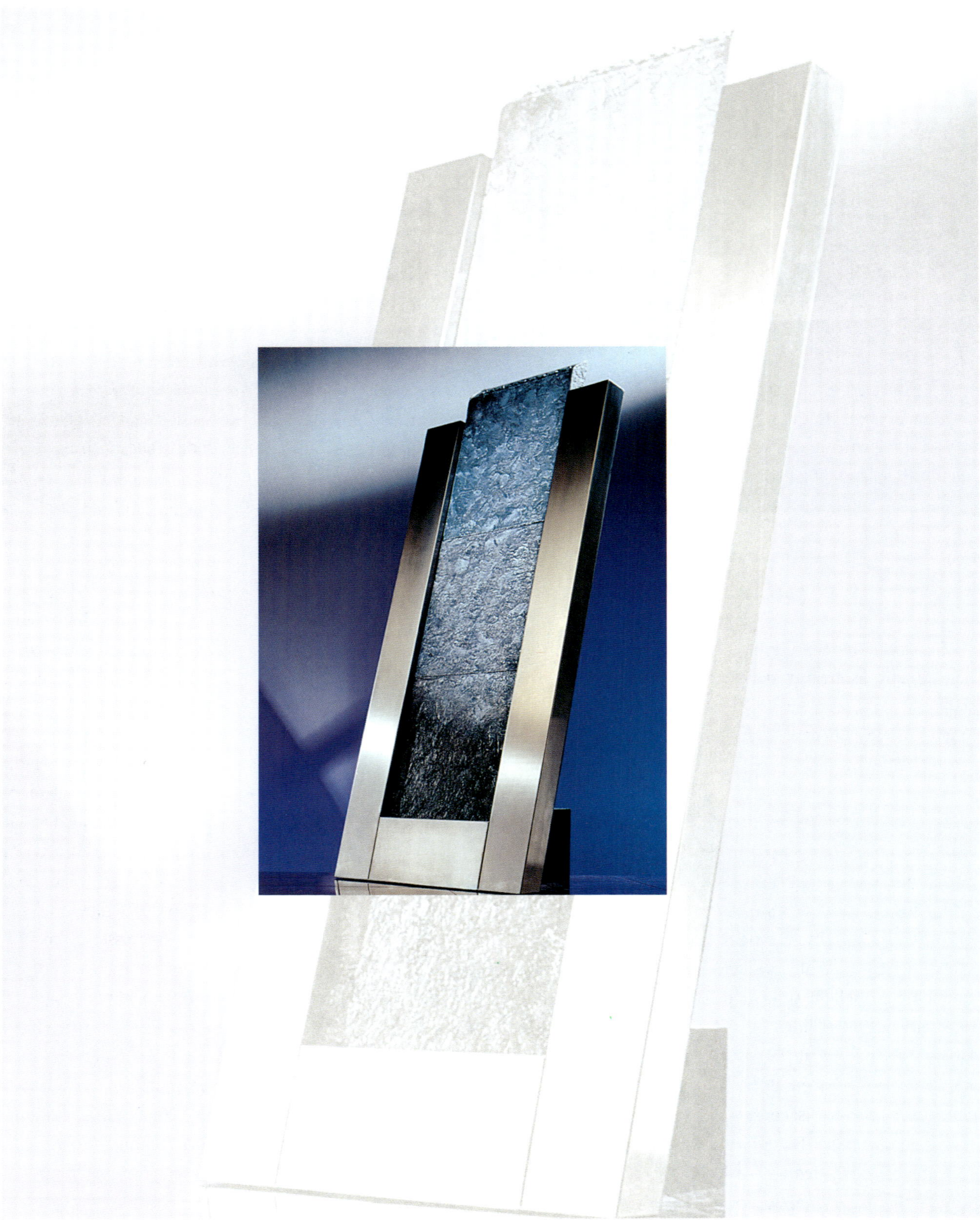

10

Fünf Elemente arbeiten für Ihr Glück

Alle fünf Elemente wirken durch die Jahreszeiten hindurch. So sorgt das Element Feuer in den Sommermonaten für Hitze, das Erdelement für die Wärme im Spätsommer. Das Metall sorgt für die Kühle und Feuchtigkeit im Herbst. Das Element Wasser bringt Kälte im Winter mit sich und das Element Holz den Frühling. Klinken Sie sich in das Wissen der Elemente ein, damit Sie mit sich und Ihrer Umwelt im Einklang leben können.

- Feuer, Erde, Metall, Wasser und Holz wirken in jedem Körper wie auch in jedem Raum.

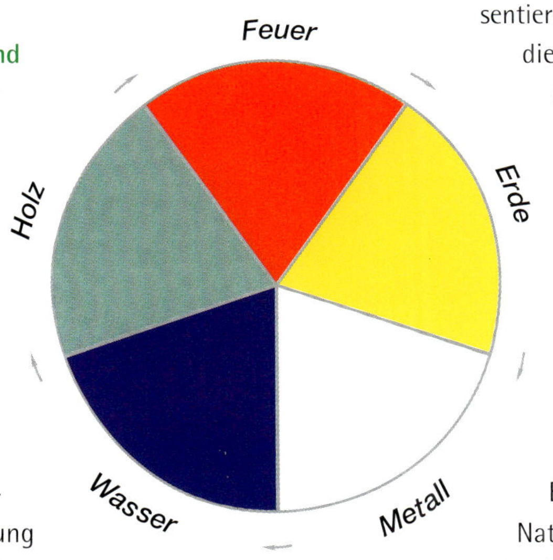

Sie haben bereits Chi kennen gelernt. Es erzeugt durch seine polare Natur die fünf Energieformen: Holz, Wasser, Feuer, Erde und Metall. Hinter jedem einzelnen Element steckt eine Kraftwirkung, die Sie ganz gezielt für Ihren Erfolg anwenden können. Die Kräfte sind in ihrer Richtung und Auswirkung unterschiedlich. So geht die Kraft des Metalls ins Innere, konzentriert und sammelt sich, weshalb es sehr vorteilhaft ist, ein kühles Ambiente in hellem Grau und Weiß zu schaffen, wenn man einen kühlen Kopf bewahren möchte. Hinter dem Element Erde verbirgt sich eine Kraft, die in die Horizontale geht und sehr dem Boden verhaftet ist, weshalb Einrichtungen im japanischen Stil, die sehr horizontal betont sind, auch sehr viel Ruhe und Gelassenheit ausstrahlen. Möchten Sie die elementare Kraft des Wassers nutzen, werden Sie in erster Linie Brunnen aufstellen, da sie am besten die fließende, sich in fortwährender Veränderung befindende Chi-Kraft des Wasser-Elementes ausdrücken. Ganz anders funktioniert die Chi-Kraft des Holzes. Sie ist vertikal, aufstrebend, auf Wachstum hin orientiert, so wie es beispielsweise die Bambuspflanzen repräsentieren. Ganz ähnlich verhält es sich mit der elementaren Kraft des Feuers. Sie geht in der Bewegung aus sich heraus, öffnet sich und durchbricht die Grenzen, sodass alle nach oben hin spitzen Formen symbolisch diese Kraft repräsentieren. Richtig angewandt, entfalten sich die Chi-Kräfte durch die Anwendung der elementaren Kräfte. Sie werden im Laufe des Buches erfahren, wo Sie diese für Ihren Erfolg einsetzen können. Gesundheit, Glück und Wohlstand sind die natürlichen Folgen.

Die Beobachtung der Natur brachte das Wirken der Elemente zu Tage. Die Erkenntnis, dass die Elemente im Körper, wie auch in der Natur existieren, legt den Gedanken nahe, dass sie auch in den Räumen wirken und sozusagen »funktionieren« müssen. Dem ist in der Tat so! Sie spielen bei der Einrichtung und Ausrichtung von Gebäuden eine nicht zu unterschätzende Rolle und helfen auch jedem, sich selbst besser zu unterstützen. Heute verbringen wir die wenigste Zeit in der Natur. Wir halten uns viel mehr in unseren Räumen auf, oft 16 Stunden und mehr. Was liegt näher, als die Elemente in die Räume zu integrieren? Je mehr wir in einer technisierten Welt leben, umso eher haben wir das Bedürfnis nach Natur, nach frischer Luft, Vogelzwitschern, Bäumen und Blumen. Der weiche Waldboden unter den Füßen, die Feuchtigkeit und

Frische der Luft, sowie die Farbenvielfalt der Blumen und deren fantastisch aufeinander abgestimmte Formenvielfalt, scheinen mit der grauen Alltagswelt der Büros nicht viel gemein zu haben. Feng Shui erinnert uns wieder daran, wie wir uns den natürlichen Rhythmen nähern und zu einem besseren Einklang mit den Elementen der Natur auch in der (post)modernen Welt des 21. Jahrhunderts finden können. Integrieren Sie für ein erfolgreiches Leben die fünf Elemente in Ihre Räume!

Li

Das Element Feuer

Es steht mit der südlichen Himmelsrichtung in Verbindung und repräsentiert Hitze und aufsteigende Energie. Licht, aufstrebende vertikale Linien und rote Farben erzeugen das Element Feuer in Ihren Räumen und damit die Energien von Erfolg, Ruhm und Anerkennung. Da Holz das Feuer nährt, sind auch Pflanzen ein hervorragendes Mittel der Wahl, um mehr Chi zu erzeugen.

Da Wasser das Feuer »erzieht«, ist es hervorragend dazu geeignet, um ihm Stärke zu geben. Zu viel Wasser kann allerdings das Feuer löschen. Deshalb vermeiden Sie ein Zuviel an Blau im Süden Ihrer Räume!

Das richtige Maß der Elemente zueinander ist das Geheimnis der erfolgreichen Balance. Vor eine Wand in Rottönen einen blauen Wasserbrunnen zu stellen oder ein Wasserrelief an die Wand zu hängen, das mit einer dekorativen Pflanze umgeben ist, wäre ein vortreffliches Spiel der Elemente *Wasser, Holz und Feuer.*

Kun

Das Element Erde

In den Himmelsrichtungen Südwesten, Nordosten und der Mitte Ihrer Geschäftsräume wirkt die Kraft des Elementes Erde. Es verleiht Ausdauer und Stabilität. Schwere Gegenstände, Sand, Marmor, Gelbtöne, niedrige und ausladende Sitzmöbel, sowie schwere Teppiche verkörpern die elementare Kraft der Erde. Ebenso klinken Sie sich mit dunklen und horizontalen Formen ein. Gerade dann, wenn der Raum sehr hell und mit großen Fenstern ausgestattet sein sollte, sind dunkle Farben, wie beispielsweise Brauntöne oder Ocker, neben horizontalen Linienführungen ein guter Garant dafür, dass Sie das Element Erde und damit Durchhaltevermögen und Praktikabilität zu sich einladen.

Chien

Das Element Metall

Die Energie des Metalls wird assoziiert mit den Himmelsrichtungen Westen und Nordwesten. Metall steht für den materiellen Reichtum und die Durchsetzungskraft. In der Tat, Goldbarren sind in ihrer Reinform dem Metall-Element zugehörig. Natürlich auch Kupfer, Zink, Zinn, Platin und Silber.

Wenn Sie sich mit runden Formen, metallischen Einrichtungen und Kunstobjekten umgeben, so werden Sie Reichtum, Einfluss und Durchsetzungskraft für Ihre Vorhaben gewinnen. Metall im Übermaß symbolisiert auch Kälte, Härte und Unnachgiebigkeit.

Das Element Holz

Wenn Sie mit der Energie des Holzes in Einklang kommen möchten, dann sind Pflanzen, vertikale Linien und grüne Farbtöne exzellent. Auch Holzobjekte wie Bambusstangen oder hohe Skulpturen symbolisieren Holzkräfte.

Holz spricht als Pflanze die Sprache von Wachstum und Gedeihen. Deshalb steht Holz auch für inneren und äußeren Reichtum.

Das Element Wasser

Die Energie des Wassers wird assoziiert mit der Himmelsrichtung Norden. Diese Energieform beschleunigt das Wachstum des Unternehmens. Wenn Sie sich mit ihr in Einklang bringen möchten, dann sind Wasserobjekte, blaue und kühle Farben, sowie auch Glasobjekte ideal.

Das Konzept der fünf Harmonien wird bei einer Feng Shui-Beratung detailliert angewandt. Wer das komplizierte Zusammenspiel beherrscht, kann im Einzelfall die richtige Entscheidung für das Wachstum eines Unternehmens treffen.

Im Zentrum der Aufmerksamkeit aller Bemühungen stehen die fünf Elemente, die sich gegenseitig kontrollieren oder anregen.

Der Kontrollzyklus der Elemente

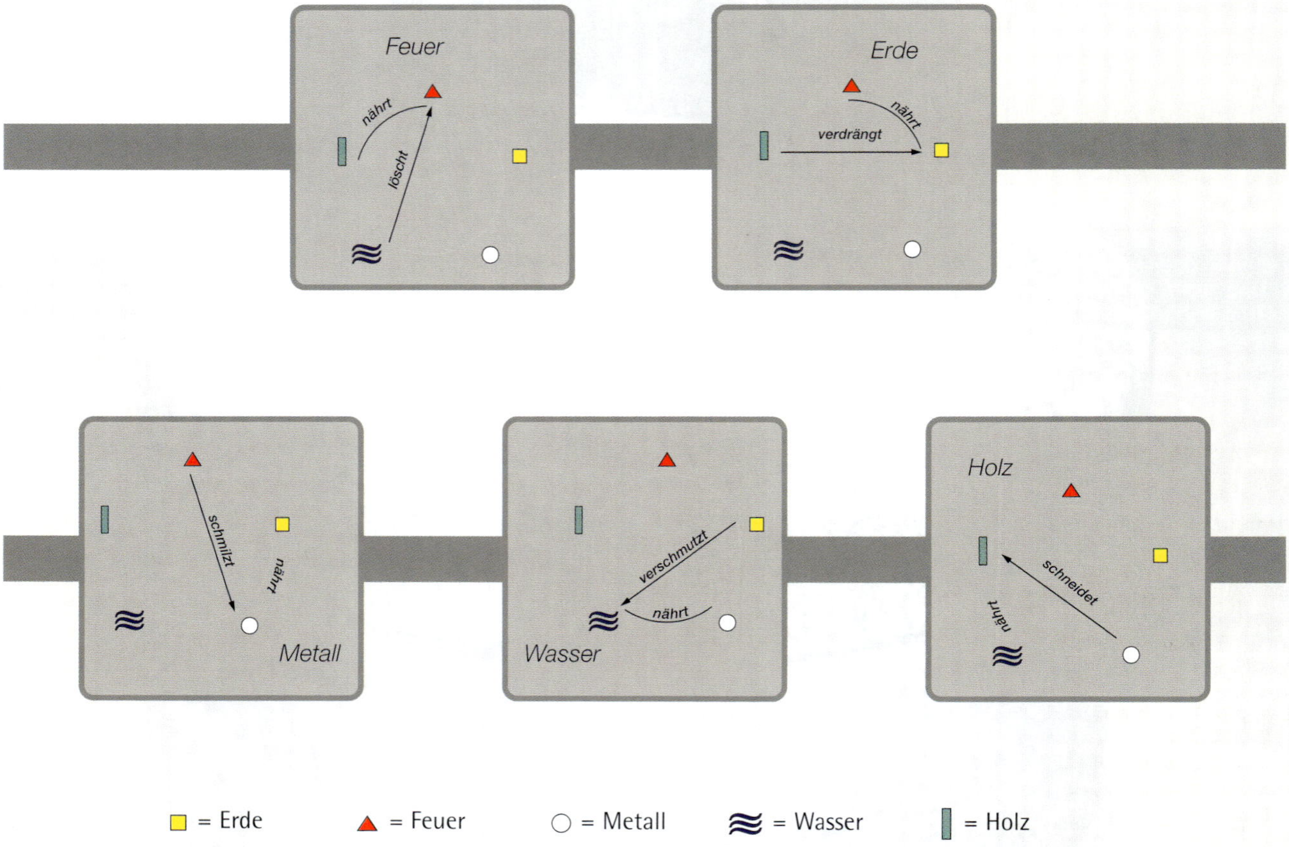

Ist die Verbindung der Elemente harmonisch aufeinander abgestimmt, so läuft alles reibungslos. Sind beispielsweise die Farben Blau-Grün, Grün und Rot, Rot und Gelb, Gelb und Weiß, Weiß und Blau aufeinander abgestimmt, so empfinden wir den Anblick eines Raumes als harmonisch.

Sind die Kontrollzyklen im Übermaß tätig, dann gibt es Ärger, Leid und Frustration.

Was für die Räume gilt, gilt auch für die Werbung. Beispielsweise ist das blau-weiße Label der Nivea-Dose auf elementarer Basis absolut günstig, da es die Elemente Metall und Wasser darstellt, die harmonisch aufeinander abgestimmt sind und in produktiver Folge der Elemente wirken.

11

Wie Aussehen, Haltung und Ausstrahlung die Geschäfte beeinflussen

Die Inhaber des Mode-Labels Strenesse, Gabriele und Gerd Strehle beantworten die Frage nach der Wichtigkeit des passenden Outfits für den Erfolg folgendermaßen:

»Der erste Eindruck kommt zur Hälfte von der Kleidung. Passt das Outfit zum Typ, signalisiert die Kleidung beispielsweise Modernität, Dynamik oder Zurückhaltung? Wenn nach einer Begegnung Gesicht und Charakter in Erinnerung bleiben und nicht so sehr die Kleidung, dann handelte es sich um Stil.«

Guido Westerwelle, der FDP-Politiker, sagt beispielsweise: »Man soll Bücher nicht nach dem Einband bewerten, aber viele tun es dennoch.« Und Harald Schmidt, Talkmaster, bringt es auf den Punkt: »Wer gut aussieht, hat es leichter.«

Die Zeiten haben sich geändert und zweifelsohne sind Dresscodes nicht mehr langweilig und geben Spielraum. Ob Jil Sander, Joop oder Strenesse, sie alle haben die Möglichkeiten der Herren- und Damenmode auch im Business erweitert. Im Grunde genommen handelt es sich um einen Balanceakt. Heute kann man wählen zwischen korrekt, aber nicht steif, lässig, aber mit Stil. Die US-Psychologin Nancy Etcoff weist nach, dass gut aussehende Menschen erfolgreicher sind. Umfragen in deutschen Großunternehmen beweisen, dass 90 Prozent der Personal- und Marketingchefs meinen, ihre Mitarbeiter könnten erfolgreicher sein, wenn sie sich besser kleiden würden. Recht haben sie! Wer seine Karriere in Gang setzen möchte, muss zunächst in den Geldbeutel greifen und sich passend kleiden. Gute Stoffe, moderne, zeitlose Formen und die richtige Größe entscheiden über den Aufstieg.

Wenn man zudem weiß, dass man bis zu 30 Prozent mehr verdienen kann als seine Kollegin oder sein Kollege, wenn man richtig gekleidet ist, lohnt sich der Blick in den Spiegel und in den Kleiderschrank. Psychologen bestätigen: Wenn wir jemandem gegenüberstehen, der gut gekleidet ist, dann sehen wir in ihm einen kompetenten und erfolgreichen Menschen. Gut aussehende Anwälte beispielsweise bekommen besser bezahlte Jobs und bessere Aufstiegsmöglichkeiten als ihre Kollegen, die sich schlechter kleiden und in der Verwaltung oder den Behörden versacken. Jeder Marketing-Experte weiß, wie wichtig Verpackung und Image sind. Dennoch gibt es Grenzen und hauchdünne Linien, die nicht überschritten werden sollten. Der Berufsanfänger sollte nicht im teuren Gucci-Anzug und mit Rolex auftreten, die Anfängerin nicht mit zu kurzem Rock und aufdringlich parfümiert.

Die Dresscodes bestimmen zu einem großen Teil die Geschäftsabschlüsse. Feng Shui-Experten sagen, dass bei Menschen, die durch das richtige Outfit auffallen, die Kräfte des Tigers unwiderstehlich seien. Sie würden magisch Geschäftspartner anziehen.

- **Nur dreißig Sekunden dauert dieser erste Check-up des Gegenübers, der entscheidet, ob der geschäftliche Kontakt zustande kommt oder nicht.**

Möchten Sie von anderen als erfolgreicher Geschäftsmann oder ebensolche Geschäftsfrau angesehen werden, so müssen Sie über Ihr äußeres Erscheinungsbild Erfolg ausstrahlen. Die Haltung ist dabei ein wichtiger Faktor.

Im asiatischen Raum wird der Gesamtpersönlichkeit eines Menschen große Bedeutung gegeben. Der erste Eindruck sollte der beste sein!

Achten Sie einmal darauf, wie sich Ihnen Menschen nähern. Wie sie sich präsentieren, welche Energie hinter ihren Bewegungen steckt. Der eine kommt mit dünner Stimme und zaghaften Schritten. Der andere hat eine feste Stimme, einen starken Händedruck und kommt mit aufrechter Haltung. Jedes Mal wird Ihnen ein anderer Eindruck vermittelt.

Der Weise ist sensibel genug zu wissen, wann er welche Haltung einnehmen sollte. Er ist wie ein Fluss und fließt hoch hinauf und tief hinab, er windet sich und ist doch stark in sich.

Yoga ist eine gute Möglichkeit, um wie der Weise auch geschmeidig in der Wirbelsäule zu bleiben und stolz, aufrecht und nachgiebig zugleich nach außen hin zu wirken. Beachten Sie diesbezüglich auch die wirbelsäulengerechte Sitzposition. Bewegung, namentlich die Verjüngungs-Übungen, die Sie in meinem Buch »Neun erfolgreiche Strategien für Gewinner« finden, können dazu beitragen, Ihre Haltung zu verbessern, Schmerzen vorzubeugen oder diese zu reduzieren und Ihr inneres Gefühl der Balance zu bewahren.

Ohashi wirft in seinem Buch »Körperdeutungen« einige Zusammenhänge zwischen der persönlichen Einstellung und der Haltung des Rückens auf. Der Rücken, so vermittelt Ohashi, ist gegenüber der Vorderansicht des Menschen ehrlicher, da er Auskunft über das wahre Selbst gibt. Er ist Abbild und Ausdruck Ihrer Lebenseinstellung und Ihres Charakters. Ihre Haltung präsentiert Ihre Art des Denkens, sie drückt Aufrichtigkeit und Ehrlichkeit oder das Gegenteil davon aus.

Deshalb sagt man auch, dass der aufrechte Gang und eine ebensolche Haltung zu einem erfolgreichen Menschen gehören. Eine gebeugte Haltung drückt oft lastenden Druck und Dienstbarkeit aus.

Haltung, Ausstrahlung und Aussehen sind wie Mosaiksteine miteinander verbunden. Sie selbst können diese beeinflussen und sich und Ihre Wirkung auf andere mit Hilfe von Feng Shui verändern.

Um seine Ausstrahlung zu beeinflussen, bedarf es eines starken Selbstwertgefühls, das sich in der Haltung ausdrückt. Eine sehr aufrechte Haltung, die Streckung des Organismus in der Vertikalen wird als Betonung des Yang gesehen. Die einzigen Feinde einer *Yang-Haltung* sind Egoismus und Selbstgefälligkeit, die zusammen beim Gehen zu einer hochnäsig wirkenden Haltung führen können.

Der beste Weg, charismatische Ausstrahlung zu erlangen, sind positives Denken und Sensibilität anderen gegenüber. Bedenken Sie, dass eine ungünstige Haltung auch die Lebensenergie einschränkt und es nicht nur zu Sauerstoffarmut im Blut kommt, sondern auch zu damit verbundenem Leistungsabfall, Kopfschmerzen und Durchblutungsstörungen im Kopfbereich.

Denken Sie über sich selbst und den von Ihnen erweckten ersten Eindruck nach. Fördert oder hemmt er das Bemühen, den ersten Fuß über die Schwelle Ihres Geschäftspartners zu setzen? Ein erfolgreicher Mensch zeigt Haltung, die der Situation angemessen ist und bewegt sich körperlich geschmeidig in sich selbst. Oder was meinen Sie dazu? Fließende Bewegungen sind ein Ausdruck von fließender Energie, eine starre Haltung würde möglicherweise zu Assoziationen wie Starrsinn und Selbstüberschätzung führen.

Neben der Haltung ist das Outfit für den ersten Eindruck unerlässlich. Dies mag der Mode entsprechend schwanken. Jeder sollte aber den Dress-Code in der Sparte kennen, in der er sich bewegt. Wenn er dennoch anders gekleidet ist, dann, weil er auffallen möchte – vielleicht um jeden Preis, oder provozieren. Mimik, Wortwahl und Gestik sind, neben den Worten jedes Einzelnen, die tatsächlichen Mittler auf der Gefühlsebene. Auch die Kleiderordnung, die farbliche Zusammenstellung derselben, die Haltung, der Geruch, die Sprache und der Grad der Gepflegtheit spielen eine Rolle. Ich war gerade vor ein paar Tagen mit einem Vertreter unterwegs. Mir fiel auf, dass er ein zu enges Hemd anhatte, die Krawatte war verrutscht, der obere Kragenknopf offen und die Haare waren im Nacken übermäßig lang. Die Schuppen färbten seinen blauen Anzugkragen gräulich. Das lenkte mich die ganze Zeit von seinen eigentlichen Worten ab. Ich beschäftigte mich damit, wie er denn hätte besser aussehen können und die Kundin, um die es ging, wollte so ganz und gar nicht auf seine Wellenlänge kommen. Ging es ihr vielleicht wie mir?

Oder denken wir nur an Marion, die Chemie studiert hatte und in der Politik gelandet war. Sie war bei den Grünen und sicherlich sehr innovativ, was ihre Gedanken anbelangte. Sie hatte aber immer so einen modrigen Geruch an sich und ihre dünnen Haare hingen strähnig und fettig an ihr wie zu lang gekochte Spaghetti, weshalb meiner Meinung nach auch jeder das Weite suchte. Auch die Farbwahl ihrer Kleidung war alles andere als seriös. Trotz ihrer guten Ansätze und Ideen kam sie politisch nicht weiter, warum wohl?

Ein großer Verkäufer sagte einmal: Verkaufen, Rasieren und Duschen gehen Hand in Hand. Wenn Sie dies tun, dann haben Sie schon den halben Erfolg. Fingernägel reinigen, Deodorant verwenden und das äußere Erscheinungsbild wie Kleidung, Farbzusammenstellung und Make-up bei den Damen runden zusammen mit dem richtigen Sitz der Frisur den guten ersten Eindruck ab. Achten Sie auf gut sitzende Schulternähte, Rockschlitze oder Gürtel.

Gleichwertig neben diesen Äußerlichkeiten stehen Lächeln, Freude und Dankbarkeit. Mit diesen vier Säulen sind Sie reich gesegnet für Ihren Weg zum gesunden, erfolgreichen und ausgefüllten Leben im Kreise wohlwollender Mitmenschen, und Ihre Geschäfte werden gedeihen.

Tipps für Männer

Natürlich ist alles erlaubt, wenn es sich um das Showgeschäft handelt. Wer aber aus der Reihe tanzt, muss auch etwas Besonderes bieten.

Für ein Bewerbungsgespräch wirken der formelle Anzug oder eine Hose-Blazer-Kombination immer seriös. Gestreiftes oder Kariertes dagegen kann einen Touch zu leger wirken.

Lässig und innovativ geht es bei den Designern, Journalisten und Werbemachern zu. Sie tragen sportliches und kreatives Outfit.

Passen Sie sich der Firmenmode an. Bei Bankern und in der Versicherungsbranche sollte das Sakko selbst an heißen Tagen nicht abgelegt werden.

Bewerbungsgespräch

Für ein Bewerbungsgespräch eignet sich schlichte Kleidung, gepaart mit Höflichkeit und Zurückhaltung. Ebenso das dezent gemusterte Kostüm, die weiße Bluse oder das schlichte, elegante T-Shirt. Achtung: Nicht die weiblichen Formgebungen von Mutter Natur überbetonen, und tragen Sie unauffälliges Make-up, wenn Sie sich für einen seriösen Job bewerben wollen!

Die Farben und Formen Ihrer Kleidung senden unablässig Signale. Kennen Sie Ihr Jahres-Element (Tabelle), dann ist es ein Leichtes, Farbe und Form harmonisch und erfolgversprechend einzusetzen. Darüber hinaus spielen Ihre Hautfarbe, Ihre Größe und Haare eine Rolle. Nehmen Sie nachfolgende Feng Shui-Empfehlungen als Anregungen, nicht als Dogma.

Tipps für Frauen

Natürlich ist auch bei den Frauen alles erlaubt, was gefällt. Wenn Sie sich im Showgeschäft befinden oder auf eine private Party gehen, können Sie selbstverständlich Ihren Bedürfnissen freien Lauf lassen. Aber dennoch gibt es die Möglichkeit, dass Sie einem potenziellen Geschäftskunden begegnen, und dann? Wer auffällt, muss etwas zu bieten haben. Wer unabhängig davon die heute geltenden Dresscodes kennen lernen möchte, kann nachfolgend schauen, ob er Entsprechendes im Schrank hat und sich für wichtige Anlässe ein gutes »Feng Shui anziehen«.

Meine Damen, in einer Yang-Welt der Herren gelten männliche Regeln. Wer zu Erfolg kommen möchte, sollte diese kennen: Minirock, tiefer Ausschnitt, aufdringliches Parfüm oder übermäßiger Schmuck sind nicht angebracht und wirken zudem nicht sehr kompetent auf seriösem Gebiet.

Jahreselemententabelle

Jahr	Beginn	Jahres-Element	Tierkreiszeichen
1920	20. Feb	Metall	Affe
1921	08. Feb	Metall	Hahn
1922	28. Jan	Wasser	Hund
1923	16. Feb	Wasser	Schwein
1924	05. Feb	Holz	Ratte
1925	25. Jan	Holz	Ochse
1926	13. Feb	Feuer	Tiger
1927	02. Feb	Feuer	Hase
1928	23. Jan	Erde	Drache
1929	10. Feb	Erde	Schlange
1930	30. Jan	Metall	Pferd
1931	17. Feb	Metall	Schaf
1932	06. Feb	Wasser	Affe
1933	26. Jan	Wasser	Hahn
1934	14. Feb	Holz	Hund
1935	04. Feb	Holz	Schwein
1936	24. Jan	Feuer	Ratte
1937	11. Feb	Feuer	Ochse
1938	31. Jan	Erde	Tiger
1939	19. Feb	Erde	Hase
1940	08. Feb	Metall	Drache
1941	27. Jan	Metall	Schlange
1942	15. Feb	Wasser	Pferd
1943	05. Feb	Wasser	Schaf
1944	25. Jan	Holz	Affe
1945	13. Feb	Holz	Hahn
1946	02. Feb	Feuer	Hund
1947	22. Jan	Feuer	Schwein
1948	10. Feb	Erde	Ratte
1949	29. Jan	Erde	Ochse
1950	17. Feb	Metall	Tiger
1951	06. Feb	Metall	Hase
1952	27. Jan	Wasser	Drache
1953	14. Feb	Wasser	Schlange
1954	03. Feb	Holz	Pferd
1955	24. Jan	Holz	Schaf
1956	12. Feb	Feuer	Affe
1957	31. Jan	Feuer	Hahn
1958	18. Feb	Erde	Hund
1959	08. Feb	Erde	Schwein
1960	28. Jan	Metall	Ratte
1961	15. Feb	Metall	Ochse
1962	05. Feb	Wasser	Tiger
1963	25. Jan	Wasser	Hase
1964	13. Feb	Holz	Drache
1965	02. Feb	Holz	Schlange

Jahr	Beginn	Jahres-Element	Tierkreiszeichen
1966	21. Jan	Feuer	Pferd
1967	09. Feb	Feuer	Schaf
1968	30. Jan	Erde	Affe
1969	17. Feb	Erde	Hahn
1970	06. Feb	Metall	Hund
1971	27. Jan	Metall	Schwein
1972	15. Feb	Wasser	Ratte
1973	03. Feb	Wasser	Ochse
1974	23. Jan	Holz	Tiger
1975	11. Feb	Holz	Hase
1976	31. Jan	Feuer	Drache
1977	18. Feb	Feuer	Schlange
1978	07. Feb	Erde	Pferd
1979	28. Jan	Erde	Schaf
1980	16. Feb	Metall	Affe
1981	05. Feb	Metall	Hahn
1982	25. Jan	Wasser	Hund
1983	13. Feb	Wasser	Schwein
1984	02. Feb	Holz	Ratte
1985	20. Feb	Holz	Ochse
1986	09. Feb	Feuer	Tiger
1987	29. Jan	Feuer	Hase
1988	17. Feb	Erde	Drache
1989	06. Feb	Erde	Schlange
1990	27. Jan	Metall	Pferd
1991	15. Feb	Metall	Schaf
1992	04. Feb	Wasser	Affe
1993	23. Jan	Wasser	Hahn
1994	10. Feb	Holz	Hund
1995	31. Jan	Holz	Schwein
1996	19. Feb	Feuer	Ratte
1997	07. Feb	Feuer	Ochse
1998	28. Jan	Erde	Tiger
1999	16. Feb	Erde	Hase
2000	05. Feb	Metall	Drache
2001	24. Jan	Metall	Schlange
2002	12. Feb	Wasser	Pferd
2003	01. Feb	Wasser	Schaf
2004	22. Jan	Holz	Affe
2005	09. Feb	Holz	Hahn
2006	29. Jan	Feuer	Hund
2007	18. Feb	Feuer	Schwein
2008	02. Feb	Erde	Ratte
2009	16. Jan	Erde	Ochse
2010	14. Jan	Metall	Tiger
2011	03. Feb.	Metall	Hase

Ihr Element ist Wasser:
Wasserformen und Holzformen

Ihr Element ist Erde:
Erdformen und Feuerformen

Ihr Element ist Holz:
Holzformen und Wasserformen

Ihr Element ist Metall:
Erdformen und Metallformen

Ihr Element ist Feuer:
Holzformen und Feuerformen

Holzformen werden durch Streifen und Betonungen der vertikalen Linie erzeugt. Die Feuerform entsteht durch die Betonung der A-Linie und die Metallformen finden Sie in Mustern und Accessoires mit Kreisen und Spiralen. Auch runde Halsausschnitte können das Metall betonen. Wer das Element Erde benötigt, um den Erfolg zu fördern, sollte kastenförmige Schnitte wählen und gerade Halsausschnitte, während Wasser-Element-Menschen zu fließenden Linien tendieren werden. Im nachfolgenden Kapitel werden Sie mehr zu diesem Thema erfahren.

Verwenden Sie Ihr Element auch in Form und Farbe in einem Umkreis von zwei Metern, indem Sie auf einem entsprechend farbigen Stuhl sitzen oder die entsprechend farbigen Accessoires um sich haben.

Der Förderzyklus

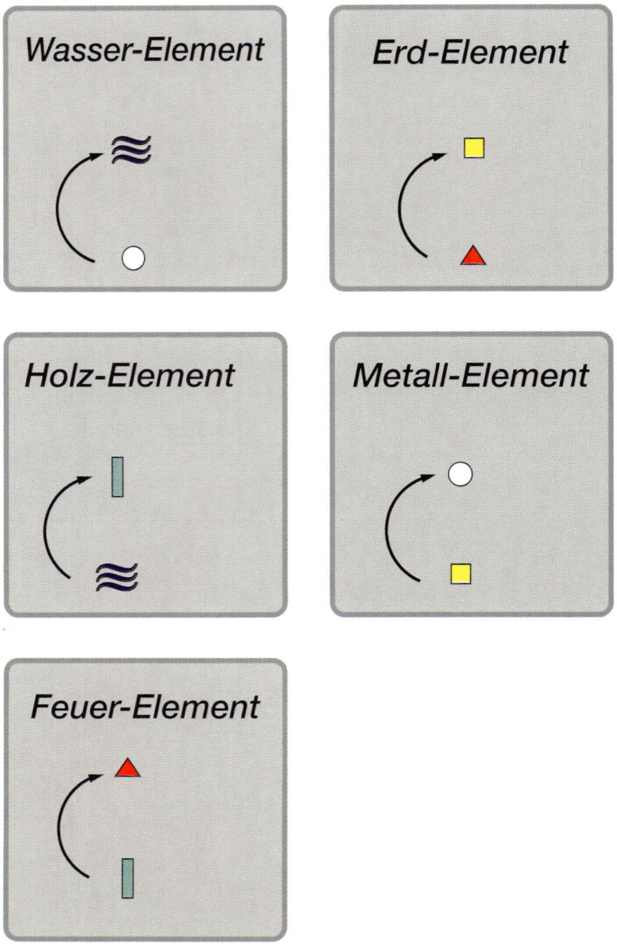

12

Ihr Auftritt ganz *elementar*

Die Rezeptoren der Haut erkennen das Licht und damit auch die Schwingungsanteile der darin befindlichen Farbe. Professor Nils Finsen erhielt für seine Licht- und Farbe-Forschungen den Nobelpreis. Farbe beeinflusst unser Leben und unsere Gefühle. Deshalb ist im Feng Shui-Denken Farbe einer der Hauptfaktoren zur Harmonisierung von Räumen und zur Steigerung der Ausstrahlungskraft von Menschen.

Farbe bewirkt einen Reiz auf den Hypothalamus, das Zwischenhirn für vegetative Reaktionen. Endokrine Reaktionen werden vermutlich gesteigert, genauso wie die Hormonproduktion gesteuert, die Atmung, der Stoffwechsel und der Blutdruck beeinflusst werden. Die energetischen Impulse im Farblicht sind in der Lage, die Unregelmäßigkeiten, wie Stress und Umweltgifte im Schwingungsverhalten der Zellen auszugleichen.

Ihr Jahres-Element ist Ihnen bereits aus dem vorangegangenen Kapitel bewusst, sodass Sie nun Ihr Wissen von Formen und Mustern im Einklang mit den für Sie optimalen Farben verwenden können.

Ihr Element ist Feuer

Sie sind geboren im Jahr: 1936, 1937, 1946, 1947, 1956, 1957, 1966, 1967, 1976, 1977, 1986, 1987, 1996, 1997, 2006, 2007

Ihre Unterstützungen sind:

Farben: Grün, Rot, Rosé, Lila, Purpur

Autofarben: Rot oder Grün

Schmuck: Korallen- oder Granatkette

Steine: Rubine, Rodochrosit, Rosenquarz, Feueropal, Hämatit, Amethyst

Accessoires: rote oder grüne Tücher/Krawatten, rosé-farbene Hemden oder Blusen

Taschen: dreieckige, rote oder grüne Handtasche, bordeaux-farbener Aktenkoffer

Die Sie unmittelbar umgebenden Gegenstände könnten sein: Pflanzen, Licht, Kerzen, rote Gegenstände, pyramidenförmige Figuren

Das sollten Sie in Ihrer unmittelbaren Umgebung meiden: Wasserbilder und Brunnen, Aquarien und blaue Gegenstände

Rot für Feuer-Menschen

Rote Kleidung zeigt an, dass Sie aktiv, durchsetzungswillig und dynamisch sind. An grauen Wintertagen kann das Ihren Geschäftspartner aufmuntern. Die Menge und Farbintensität bestimmt die Wirkung. Deshalb Achtung, nicht dass Ihr Gegenüber aggressiv reagiert. Möchten Sie einen Firmenangehörigen im Krankenhaus besuchen, so verzichten Sie besser auf Rot und tragen Grüntöne.

Möchten Sie auffallen, dann eignet sich Rot auf alle Fälle, da es Yang-Kraft besitzt und seinen Träger ins Rampenlicht rückt. Es muss natürlich nicht gleich ein knallrotes Kostüm sein!

Rot ist die Farbe des Feuerelementes und wird mit dem Leben in Verbindung gebracht. Es ist die Farbe, die das Ego betont, die Yang, männlich, stark und aktiv ist. Sie gibt Kraft zum Durchhalten, den Willen zur Leistungsbereitschaft, stärkt das Selbstbewusstsein, ist fordernd und herrschend.

Ihr Element ist Erde

Sie sind geboren: 1938, 1939, 1948,1949, 1958, 1959, 1968, 1969, 1978, 1979, 1988, 1989, 1998, 1999, 2008, 2009

Ihre Unterstützungen sind:

Farben: Rot, Rosé, Lila, Purpur, Rotbraun, Gelb, Apricot, Orange, Braun und Beige

Autofarben: Sand, Mokka, Creme oder Weinrot

Schmuck: Bernsteinkette

Steine: Zitrin, Tigerauge, Karneol, Mondstein, Goldtopas, Achat

Accessoires: rotbraune, apricot-farbene oder gelb-orangene Tücher, Krawatten mit braunen und gelben Elementen, eierschalenfarbene Hemden oder Blusen, Karos in der Kleidung, Leinen oder Baumwollstoffe, rechteckige Schnitte

Taschen: quadratische Handtasche in orange-braun oder apricot, rotbrauner oder brauner Aktenkoffer

Die Sie unmittelbar umgebenden Gegenstände könnten sein: Keramiken, Kunstgegenstände aus Porzellan, getöpferte Accessoires, Natursteine (z.B. als Briefbeschwerer), Schalen aus Ton, Porzellanständer für die Stifte, Licht, Kerzen, schwere Gegenstände, Antikes und Mattiertes

Das sollten Sie in Ihrer unmittelbaren Umgebung meiden: Pflanzen und Grüntöne an den Wänden

Gelb für Erde-Menschen

Gelb lässt Sie strahlen. Es vermittelt Heiterkeit, Freude und Wärme. Kühle Räume sollten ein warmes Gelb bekommen.

Im Geschäftsleben wird kaum Gelb getragen, weil einer der Nebeneffekte dieser Farbe der Beigeschmack der Aufdringlichkeit und Frechheit sein kann. Wer goldgelb trägt, wird als sonnig, heiter und gesellig angesehen. Geht das Gelb in einen Rot-Ton über, so kommen Fröhlichkeit und Zufriedenheit dem Gegenüber entgegen. In einer Studie der experimentellen Psychologie heißt es, dass hoffnungsvolle Menschen Gelb und enttäuschte und traurige Menschen eher graue und schwarze Töne bevorzugen.

Gelb ist die Farbe des Zukünftigen, der Sehnsucht und der Extrovertiertheit. Das hellere Gelb vertreibt Müdigkeit und Arbeitsunlust, es macht fröhlich und geistig rege. Gelb wirkt quirlig und sehr anregend für Nerven und Gemüt.

Ihr Element ist Metall

Sie sind geboren: 1941, 1942, 1950, 1951, 1960, 1961, 1970, 1971, 1980, 1981, 1990, 1991, 2000, 2001, 2010, 2011

Ihre Unterstützungen sind:

Farben: Beige, Silber, Weiß, Grau und Gold

Autofarben: Weiß, Anthrazit, Grau, Beige, Perlmutt, Silbergrau, Goldbeige, Metallic-Lacke

Schmuck: Gold- und Silberschmuck mit runden Elementen oder Kugeln, Perlenkette, Perlmuttanstecker, runde Ohrringe (Kreolen), Perlenstecker

Steine: Bergkristall, Magnetit

Accessoires: eierschalenfarbene und weiße Tücher mit oder ohne Spiralen und mit kreisförmigen Ornamenten, Seidenwäsche, Krawatten mit sandfarbenen, cremeweißen und glänzenden Elementen, eierschalenfarbene und weiße Hemden oder Blusen, glänzende Seidenstoffe, abgerundete Schößchen oder Revers

Taschen: runde Handtasche, in Weiß, Creme, Beige oder Silber/Gold, grauer Aktenkoffer

Die Sie unmittelbar umgebenden Gegenstände: Füllhalter in Silber oder Gold, glänzende Schreibtischutensilien, runde Stiftbox, halbrunde Chromschale für Visitenkarten, metallische Kunstobjekte, Handy mit hochpolierten Elementen

Das sollten Sie in Ihrer unmittelbaren Umgebung meiden: rote Gegenstände und Kerzen

Weiß für Metall-Menschen

Weiß ist die Farbe der Unschuld und der Reinheit. Als sichtbares Statussymbol des Mannes galten bislang der weiße Hemdkragen und die weißen Manschetten. Auch heute ist es in Spitzenpositionen, unabhängig von Modetrends, zeitgemäß, weiße Hemden zu tragen. Im Feng Shui ist Weiß die Farbe des Elementes Metall und steht für Würde und Weisheit.

Ihr Element ist Wasser

Sie sind geboren: 1943, 1944, 1952, 1953, 1962, 1963, 1972, 1973, 1982, 1983, 1992, 1993, 2002, 2003

Ihre Unterstützungen sind:

Farben: Blau, Silber, Weiß, Grau und Gold

Autofarben: Blau, Weiß, Silbergrau, Schwarz

Schmuck: Diamant- oder Saphircollier, Aquamarinschmuck, Gold- und Silberschmuck mit unregelmäßigen oder geschwungenen Formen, Perlenstecker, Glasschmuck

Steine: Lapislazuli, Onyx

Accessoires: blaue oder weiße Tücher mit oder ohne Wellenmotive, Seidenwäsche, Krawatten mit silber- oder goldfarbenen, blauen, auch möglicherweise glänzenden Elementen, eierschalenfarbene, weiße oder blaue Hemden oder Blusen

Taschen: schwarzer, blauer, grauer oder silberfarbener Aktenkoffer, runde, marinefarbene oder türkisblaue Handtasche

Die Sie unmittelbar umgebenden Gegenstände: Zimmerbrunnen, Pflanzen, Wasserbilder, Aquarien, Füllhalter in Silber oder Gold, Glaskunst, glänzende und runde Schreibtischutensilien, Kalligrafien

Das sollten Sie in Ihrer unmittelbaren Umgebung meiden: rote Farben und Hitze

Blau für Wasser-Menschen

Der berühmte dunkelblaue Anzug und das Kostüm sind heute noch »in«. Warum ist das so? Blau vermittelt Treue, Hingabe, Ergebenheit, Kühle und

Vertrauen. Menschen, die Blau tragen, werden als pünktlich eingestuft, mutig, leistungsorientiert, klug, konzentriert und genau. All das sind Eigenschaften, die im Berufsleben gefragt sind.

Die blaue Handtasche wird noch eher als ein blauer Koffer gekauft, da man bei Koffern eher zeitlose Farben bevorzugt und bei Handtaschen mit der Mode geht. Blau symbolisiert Ruhe, Treue, Frieden und Stille. Mit Blau sind Sie ein Mensch, der als aufmerksamer Zuhörer eingestuft wird. Blau unterstützt die Konzentration auf das Wesentliche und weist Sie als Hilfe gebende Person aus.

Je heller das Blau in seiner Farbnuancierung ist, umso mehr Fernweh vermittelt es. Gerade hellblau befreit, erweitert und lässt im wahrsten Sinne des Wortes den Menschen durchatmen.

Ihr Element ist Holz

Sie sind geboren: 1944, 1945, 1954, 1955, 1964, 1965, 1974, 1975, 1984, 1985, 1995, 1996, 2004, 2005

Farben: Grün, Türkis, Lindgrün, Schwarz, Blau

Autofarben: Grün oder Blau

Schmuck: Smaragd- oder Saphircollier, Heliotropkette, Holzperlen- und Glasschmuck, Diamanten, Aquamarin- oder Jadeschmuck, Perlen

Steine: Malachit, Turmalin, Topas

Accessoires: Stäbchenmuster, gestreifte und längliche Formen, blaugrüne oder tiefgrüne Tücher mit oder ohne Längsstreifen, hellblaue oder grüne Hemden, Blusen oder Krawatten, Naturseide

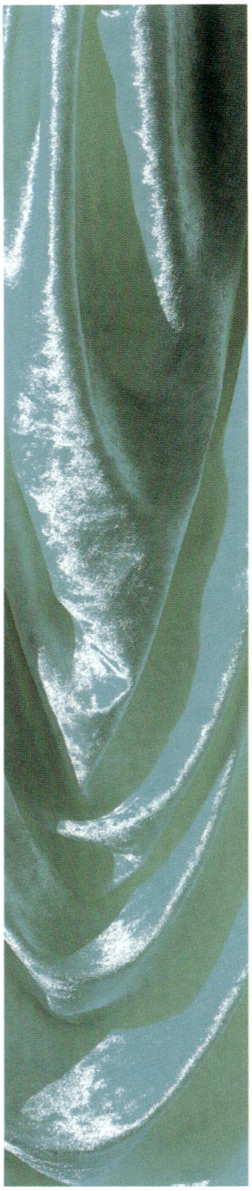

Taschen: grüne oder blaue Handtasche, dunkelgrüner, blauer oder schwarzer Aktenkoffer

Die Sie unmittelbar umgebenden Gegenstände: Pflanzen, Holzschalen (edel, aus Wurzelholz), Zimmerbrunnen, Wasserbilder, Bambushölzer, Holzschnitzereien, Bambusbilder, Kalligrafien

Das sollten Sie in Ihrer unmittelbaren Umgebung meiden: Metallgegenstände

Grün für Holz-Menschen

In der chinesischen Tradition steht Grün für Wachstum und Gedeihen. Es ist die Farbe des Holzes. Grün bedeutet Herzensgüte und Frühlingsgefühle. Menschen, die Grün tragen, werden als ruhig, mittig, herzlich, beständig und zugänglich empfunden.

Lindgrüne Farbtöne zeigen an, dass Sie sich Ihrer inneren Stärken bewusst sind, sie lassen Sie frisch, lebendig und naturverbunden wirken. Lindgrün besitzt einen großen Anteil Gelb. Deshalb wirkt es heiter, frisch, natürlich, unaufdringlich und warm. Wer Gemüse verkauft, sollte natürlich aus diesen Gründen einen grünen Arbeitskittel tragen. Sie unterstreichen dann in Persona die Frische der Waren. Menschen, die Grün tragen, werden oft als harmlos und naiv eingestuft. Anders ein Geschäftspartner im gedeckten, grünen Outfit. Er wird als ruhiger und ausgeglichener Geschäftspartner gewertet, dem man sein Vertrauen schenken kann.

Wenn Sie im medizinischen Bereich tätig sind, so ist Grün die Farbe, die Hoffnung auf Genesung weckt.

Überblick

Ihr Element ist Holz,
dann sind Grün und Blau für Sie unterstützend.

Ihr Element ist Feuer,
dann sind Grün- und Rottöne für Sie unterstützend.

Ihr Element ist Erde,
dann sind Rot- und Gelbtöne für Sie unterstützend.

Ihr Element ist Metall,
dann sind Grau und Weißtöne für Sie unterstützend.

Ihr Element ist Wasser,
dann sind Weiß- und Blautöne für Sie unterstützend.

Den Kreislauf der fünf Elemente können Sie der Abbildung entnehmen. Sie sehen hier, dass im Kreislauf der harmonischen Elementfolge beispielsweise die Farbe Grün durch Blau und das Blau von Weiß, Grau und Silberfarben unterstützt wird. Deshalb können Sie in der anregenden, produktiven Folge der Elemente eine weiße Bluse wählen und ein blaues Kostüm mit einem grün-blau gestreiften Schal sowie Silberschmuck. Die Herren wählen an dieser Stelle einen blauen Anzug, ein weißes Hemd und eine blaugrüne Krawatte.

Ein Mann, der am 29.07.1964 geboren ist, schaut sein Geburtsjahr 1964 in der Jahreslemententabelle (S. 47) nach. Dort liest er, dass er im Jahr des Holzes geboren wurde. Seine Erfolgsfarben sind Grün, Hellblau und Dunkelblau.

Natürlich müssen Sie nicht partout nur Ihre Erfolgsfarben tragen. Aber Grau und Schwarz sind auch nicht die Farben der Wahl auf Dauer. Grau lässt den Alltag grau aussehen. Ein Bekannter klagte mir sein Leid. Seine Frau und er führten ein Geschäft. Sie zog sich immer unscheinbar in Beige, Weiß oder Grau an. Er hätte sie gern einmal farbenfroher gesehen, sagte er. Sie genoss nicht den nötigen Respekt unter den Angestellten. Besser wäre sicherlich gewesen, wenn er ihr schon früher seine Wünsche mitgeteilt hätte. Als sich seine Frau, von mir inspiriert, in ihren Farben Grün und Rot kleidete, erhielt sie zunehmend mehr Respekt, und ihr Mann war ganz angetan von seiner *neuen* Frau.

Farbe kann in der Tat wandeln! In erster Linie sind die hier vorgestellten Farben für wichtige Verhandlungen, Besprechungen oder Vorstellungsgespräche nützlich. Lassen Sie sich natürlich auch von Ihrem inneren Bedürfnis und den Jahreszeiten führen. Sollten Sie das Bedürfnis nach mehr Durchsetzungskraft haben, dann werden Rottöne diese fördern. Geht es darum, Reichtum anzuziehen, so werden Sie zur Wasserfarbe, zum Blau greifen. Mehr Ruhe und Förderung der mentalen Aktivitäten bringen die Erdfarben Gelb, Mokka, Beige und Apricot.

Günstige Farbkombinationen

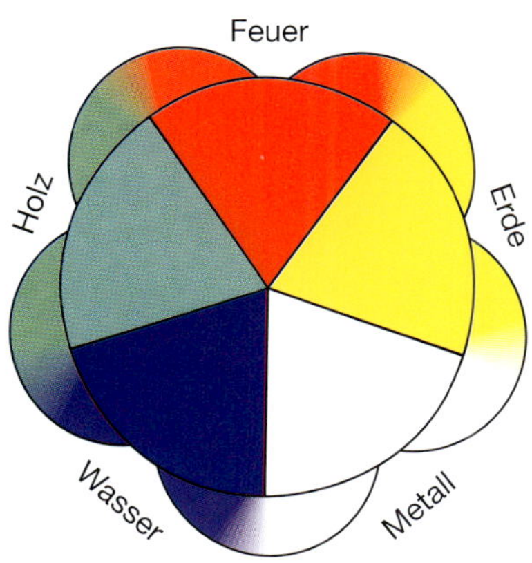

Harmonisieren der Figur

Was man gerade als zu dick oder zu dünn, zu groß oder zu klein erachtet, entscheiden die Mode der Zeit und Ihr persönliches Gefühl. Die nachfolgend aufgeführten Möglichkeiten entsprechen dem Ausgleich, wenn Sie zu groß, zu breit, zu schmal oder zu klein sein sollten. Denn Ihre Figur, so wie sie jetzt ist, sollte natürlich auch harmonisch ergänzt werden.

Sind die Schultern zu rund, hängend und weich, deutet man dies vielleicht als einen Mangel an Durchsetzungskraft. Mit einer Betonung in die Breite (Erde) würden Sie das runde, metallische Element der Schultern ausgleichen, stark und durchsetzungsfähig wirken. Geht die Figur zu stark in die Breite, ist sie damit *erdig*, dann ist es günstig, mit Accessoires auszugleichen: Krawatten oder Schals, die das V-Förmige betonen sind dann angebracht. Sie könnten unter anderem lange, schmale Revers und längsbetonte Muster (Holzmuster) bei den Kleidern wählen.

Sollten Sie eher groß und schlank sein, dem Element Holz entsprechen, so ist es günstig, Feuer- und Metall- Elemente einzubeziehen. Nutzen Sie gepunktete Schals oder Krawatten und betonen Sie Erd-Elemente durch kastenförmige Schnitte und Betonungen in der Horizontalen. Kürzere Röcke oder Unterbrechungen der Länge durch kastenförmige Schnitte in der Taille können einen Ausgleich schaffen. Mit kurzen Jacken bis in die Taille und kniefreien Röcken wirken Sie größer!

Wer sich zu klein fühlt wird längs Gemustertes bevorzugen, die Holz- Energie, die Wachstum bedeutet und Ausdehnung himmelwärts.

13

Corporate Identity

Ziehen Sie den goldenen Faden Ihres Auftritts auch bis hin zu den Visitenkarten und zum Briefpapier.

- **Wählen Sie die Elemente der Corporate Identity so, dass diese in direktem Zusammenhang mit der Firmenphilosophie stehen und dem Produkt gerecht werden. Das richtige Logo zählt dazu genauso, wie das passende Briefpapier und die Visitenkarte.**

Sehen Sie nachfolgend die passenden Farben für Ihre Visitenkarten oder das Briefpapier. Falls Sie dies nicht geschäftlich anwenden und verwirklichen können, so wäre es auch denkbar, dass Sie den Feng Shui-Gedanken für die private Gestaltung Ihrer Visitenkarten übernehmen.

Ihr Jahreselement schauen Sie bitte in der *Tabelle der Jahreselemente* nach.

Jahreselement	**Feuer**
Visitenkarte	**Flieder**, Rosé, Grün, Weinrot
Jahreselement	**Erde**
Visitenkarte	**Beige**, Zimt, Mokka, Weinrot Elfenbein, Gold
Jahreselement	**Metall**
Visitenkarte	**Silbergrau**, Braun, Weiß, Perlmutt
Jahreselement	**Wasser**
Visitenkarte	**Blau,** Schwarz, Weiß, Silber
Jahreselement	**Holz**
Visitenkarte	**Grün,** Blau

Die Visitenkarte

Wenn Sie Ihre Visitenkarte wählen, so sollte Ihr persönliches Element dieser zugrunde gelegt und natürlich der Kundenstamm berücksichtigt werden, den Sie ansprechen wollen. Drücken Sie eindeutig das aus, was Sie tun. Den Fischhändler sollte man nicht mit dem Bäcker verwechseln können und auch nicht den Mitarbeiter des Statistischen Bundesamtes mit dem Manager einer Transportfirma.

Das Briefpapier

Das sollten Sie bei der Auswahl des Briefpapiers berücksichtigen:

Feuer

Wenn Ihr Element Feuer ist, dann kann das Papier eine feine Struktur mit Längsstreifen aufweisen und das Papier einen Stich ins Rosé oder Flieder haben. Wählen Sie das Längsformat für Ihre Visitenkarten und im Briefpapier eventuell vertikale Streifen.

Erde

Wenn Ihr Element Erde ist, dann kann Ihr Papier eine griffige Struktur und kleine Karos enthalten. Das Papier könnten Sie cremig, eierschalenfarbig bis ins zarte Gelb hin wählen.

Wählen Sie das Querformat für Ihre Visitenkarten und für das Briefpapier eventuell Karos.

Metall

Wenn Ihr Element Metall ist, dann kann Ihr Papier weiß, hellgrau, glatt und glänzend, und in der Struktur mit Kreisen oder Spiralen versehen sein.

Wählen Sie das Querformat für Ihre Visitenkarten und für das Briefpapier eventuell Kreise, Spiralen oder glänzende Elemente.

Wasser

Wenn Ihr Element Wasser sein sollte, dann kann Ihr Papier glatt sein und feine Wellenlinien in der Struktur und einen bläulichen Papierschimmer aufweisen.

Wählen Sie das Querformat für Ihre Visitenkarten und für das Briefpapier eventuell Wellen, unregelmäßige und glänzende Strukturen.

Holz

Wenn Ihr Element Holz ist, dann kann Ihr Papier einen grünlichen Schimmer zeigen, hölzerne Strukturen haben oder glatt sein und Längsstreifen aufweisen.

Wählen Sie das Hochformat für Ihre Visitenkarten.

14

So gestalten Sie Ihr Logo

Erfolgreiche Firmen haben ein gut balanciertes Logo nach Yin- und Yang-Kriterien. Wer mit Feng-Shui-Augen sein Logo betrachtet, wird mitunter sehr zufrieden sein können oder kann auch mit kleineren Korrekturen ein erfolgreiches Logo kreieren. Ich möchte Ihnen einige grundlegende Gedanken dazu vermitteln:

- Wählen Sie Formen, die für das betrachtende Auge angenehm sind.
- Vermeiden Sie spitze Formen, insbesondere die, die auf Sie gerichtet sind.
- Wer die fünf Elemente wählt, sollte mit dem Logo und sich selbst auf elementarer Ebene in Harmonie stehen. Sind Sie in einem Jahr der Erde geboren, so sind Erdfarben wie Gelb, Orange, Braun oder Beige in Verbindung mit Gold sehr harmonisch.
- Achten Sie darauf, dass, wenn Sie Kreise verwenden, diese nicht durch zusätzliche Linien verletzt werden.
- Achten Sie auf harmonische Farb- und Formfolgen. Beispielsweise passen runde und rechteckige Formen zusammen, da sie die Elemente Erde und Metall verkörpern. Oder Sie wählen die grüne Farbe des Holz-Elementes und kombinieren sie mit dem Blau des Wasser-Elementes.
- Nehmen Sie nicht mehr als zwei verschiedene Formen und zwei Schriftarten.
- Wählen Sie auch die Farbe des Briefpapiers zu Ihrem Geburtselement. Sind Sie in einem Wasserjahr geboren, so wäre ein blassblauer Farbton ein mögliches Mittel der Wahl. Sind Sie in einem Erdjahr geboren, so wäre eine kompaktere Struktur und der Champagner-Ton mitunter genau das Richtige für Sie.

- Das Logo sollte eindeutig mit dem zu tun haben, was auch immer Ihr Gewerbe ausmacht. Eine Blume eignet sich beispielsweise nicht für einen Friseur und eine Schere nicht für den Krankengymnasten. Für eine Getränkefirma passt auch nicht ein Rechteck, da dies eher mit dem Bauwesen zu tun hat, mit dem Stein auf Stein bauen, als mit Wasser, Flaschen und Getränken.
- Ein Logo kann auch die Initialen der Firmeninhaber beinhalten.
- Achten Sie auf die Assoziation der Namen. Beispielsweise passt der Name *Habenicht und Söhne* nicht so gut zu einer Finanzberatungsgruppe, wie auch der Name *Bruch* nicht zu einer Glaserei passt. Stattdessen können Sie einen völlig anderen, von Ihrem Namen her freien Begriff wählen.
- Wählen Sie helle und dunkle Anteile gleichermaßen und wechseln Sie zwischen senkrechten und waagerechten Linien.
- Im zweiten Schritt schauen Sie sich die Yin- und Yang-Qualitäten der einzelnen Buchstaben an:

Die Ying und Yang-Qualitäten der einzelnen Buchstaben

Yin- Buchstaben

a, A, b, B, d, D, E, f, g, h, i, j, J, n, p, P, q, Q, r, t, T, u, U, w, W, x, X, y, Y.

Yang-Buchstaben

c, C, e, F, G, H, I, k, K, l, L, m, M, N, o, O, R, s, S, v, V, z, Z.

Kombinieren Sie zum Beispiel: V und A, so haben Sie den Schlüssel für Yin und Yang-Balance.

Die erfolgreiche Farbwahl

Den nächsten Schritt zu einem erfolgreichen Logo unternehmen Sie, indem Sie die Lehre der Fünf Elemente berücksichtigen:

Kombinieren Sie beispielsweise immer zwei oder drei Farben, die sich im Zyklus der Elemente nacheinander befinden.

Kombinieren Sie beispielsweise:

Rot und Grün	Rot und Gelb
Blau und Weiß	Gelb und Weiß
Blau und Grün	

Oder Sie wählen nacheinander drei Farben:

Blau, Grün, Rot	Gelb, Weiß, Blau
Grün, Rot, Gelb	Weiß, Blau, Grün
Rot, Gelb, Weiß	

Die günstige Formenkombination

Wählen Sie beispielsweise die harmonische Formenfolge von:

Viereck und Kreis	Säule und Dreieck
Kreis und Welle	Dreieck und Viereck
Welle und Säule	

Günstige Symbole

Bedienen Sie sich der Geheimsymbolik des Feng Shui:

Baldachin 	Lotoshülse 
Drache 	Muschel 
Ehrenschirm 	Perle 
Endloser Knoten 	Phönix 
Fische 	Raute 
Flöte 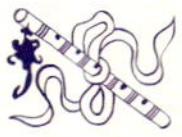	Rad 
Gemälde 	Schildkröte 
Fächer 	Tiger 
Blumenkorb 	Trinkhörner 
Geldsymbol 	Vase 
Klangstein 	Wermutblatt 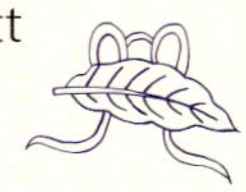
Kürbis 	

15

So teilen Sie Ihr Briefpapier ein

Das Briefpapier teilen Sie zu gleichen Teilen in 9 Quadranten ein und platzieren bewusst Ihre Telefonnummern in den Bereich der hilfreichen Menschen oder der Kontakte. Legen Sie die Kontonummern in den Karriere-Bereich oder das Geldsymbol in den Bereich Geschäftspartner oder des Reichtums. Sehen Sie sich nachfolgend das Schema an und entscheiden Sie sich selbst für die Platzierung der Informationen auf Ihrem Briefpapier.

SO 4 Holz Grün Finanzen	S 9 Feuer Rot Ruhm	SW 2 Erde Gelb Zusammenarbeit
O 3 Holz Grün Ursprung Firmenleitung	Botschaft/ Nachricht/ Information	W 7 Metall Weiß/grau/metallic Zukünftige Projekte
NO 8 Erde Gelb Wissen	N 1 Wasser Blau Karriere	NW 6 Metall Weiß/grau/metallic Geschäftspartner

16

Mit der optimalen Richtung ans Ziel

Personalentscheidungen sind oft schwierig und können teuer werden, wenn auf den falschen Mitarbeiter gesetzt wird. Von noch größerer Tragweite sind Entscheidungen, die mögliche Geschäftspartner betreffen: Wer hier aufs falsche Pferd setzt, kann mitunter dem Wohlstand oder Fortbestand der Firma schaden. Kennt man aber die Ming-Kwa-Zahl und damit die Lebensgruppe des Mitarbeiters oder Kollegen, so wird es möglich sein, die Richtung zu wählen, in der er imstande ist, sein Bestes zu geben.

Wer mit dem »Himmel«, seiner Himmelsrichtung wirkt, hat es leichter, den täglichen Anforderungen gerecht zu werden, da er sich mit dem entsprechenden Tageslicht und seinem inneren Richtungsbedürfnis in Einklang befindet. Es steht einem Menschen, der in »seinen« besten Richtungen arbeitet, nachweislich mehr Energie im körperlichen wie geistigen Sinne zur Verfügung. Somit wird auch seine persönliche Ausstrahlung gefördert, er arbeitet gern und ist weniger krank. Mit der »richtigen Richtung« wird vieles leichter erreicht, was sonst viel Mühe erfordern würde.

Rein intuitiv spüren Menschen, wo sie sich wohl fühlen und mehr oder weniger leisten können. Dass die persönliche Ausrichtung nach den Himmelsrichtungen die Leistungsfähigkeit und Gesundheit beeinflusst, war bislang in europäischen Landen weit gehend unbekannt. Überall dort aber, wo Feng Shui-Experten agieren und Feng Shui in aller Munde ist, sind diese Zusammenhänge bekannt und werden bewusst eingesetzt. Das geschieht in erster Linie, um kraftvolle, dynamische Richtungen für den Erfolg anzupeilen. Jeder Mensch ist einmalig. Durch sein Geburtsdatum gehört er innerhalb seiner Einmaligkeit zu den Personen, die eher durch östliche Himmelsrichtungen gestärkt und unterstützt werden oder durch westliche. Jeder hat das schon erlebt, dass er sich sozusagen zu bestimmten Himmelsrichtungen mehr hingezogen fühlte. Man könnte sagen, verschieden gepolt, nämlich auf die westlichen oder östlichen Himmelsrichtungen.

Lassen Sie uns beginnen, damit Sie schnell ans Ziel kommen und wissen, wo Ihre besten Richtungen sind und Ihre persönlichen Erfolgsziele am besten unterstützt werden. Dazu benötigen Sie die Tabelle der Ming-Kwa-Zahlen. Suchen Sie bitte aus der unten stehenden Tabelle Ihre Ming-Kwa-Zahl heraus, indem Sie in der Zeile Ihres Geburtsjahres nachschauen.

Sollten Sie vor dem fünften (bzw. vierten in einem Schaltjahr) Februar eines Jahres geboren sein, so gilt für Sie noch die jeweilige Ming-Kwa-Zahl des Vorjahres, da nach dem östlichen Kalender der Jahresbeginn auf Anfang Februar fällt.

- **Mit der Ming-Kwa-Zahl haben Sie die Richtungen für Ihren Erfolg in der Hand.**

Haben Sie nun Ihre günstigen Richtungen gefunden, so können Sie danach Ihren Schreibtisch ausrichten oder zu Hause mit dem Kopfende in diese Richtung schlafen, denn dort tanken Sie acht Stunden die Energie für Ihren Erfolg. Oder setzen Sie sich bei wichtigen Verhandlungen mit dem Blick in Ihre beste Blickrichtung.

Ming Kwa Zahlen für Männer und Frauen

Jahr	Ming Kwa Männer	Ming Kwa Frauen	Jahr	Ming Kwa Männer	Ming Kwa Frauen	Jahr	Ming Kwa Männer	Ming Kwa Frauen
1900	1	8	1937	9	6	1974	8	7
1901	9	6	1938	8	7	1975	7	8
1902	8	7	1939	7	8	**1976**	6	9
1903	7	8	**1940**	6	9	1977	2	1
1904	6	9	1941	2	1	1978	4	2
1905	2	1	1942	4	2	1979	3	3
1906	4	2	1943	3	3	**1980**	2	4
1907	3	3	**1944**	2	4	1981	1	8
1908	2	4	1945	1	8	1982	9	6
1909	1	8	1946	9	6	1983	8	7
1910	9	6	1947	8	7	**1984**	7	8
1911	8	7	**1948**	7	8	1985	6	9
1912	7	8	1949	6	9	1986	2	1
1913	6	9	1950	2	1	1987	4	2
1914	2	1	1951	4	2	**1988**	3	3
1915	4	2	**1952**	3	3	1989	2	4
1916	3	3	1953	2	4	1990	1	8
1917	2	4	1954	1	8	1991	9	6
1918	1	8	1955	9	6	**1992**	8	7
1919	9	6	**1956**	8	7	1993	7	8
1920	8	7	1957	7	8	1994	6	9
1921	7	8	1958	6	9	1995	2	1
1922	6	9	1959	2	1	**1996**	4	2
1923	2	1	**1960**	4	2	1997	3	3
1924	4	2	1961	3	3	1998	2	4
1925	3	3	1962	2	4	1999	1	8
1926	2	4	1963	1	8	**2000**	9	6
1927	1	8	**1964**	9	6	2001	8	7
1928	9	6	1965	8	7	2002	7	8
1929	8	7	1966	7	8	2003	6	9
1930	7	8	1967	6	9	**2004**	2	1
1931	6	9	**1968**	2	1	2005	4	2
1932	2	1	1969	4	2	2006	3	3
1933	4	2	1970	3	3	2007	2	4
1934	3	3	1971	2	4	**2008**	**1**	**8**
1935	2	4	**1972**	1	8	2009	9	6
1936	1	8	1973	9	6	2010	8	7

Fettgeschriebene Jahre beginnen am 4. Februar, alle anderen am 5. Februar

Bestimmung der besten Kompassrichtung

Ming Kwa Zahl	Beste Richtung	Zweitbeste Richtung	Drittbeste Richtung	Viertbeste Richtung
1	SO	O	S	N
2	NO	W	NW	SW
3	S	N	SO	O
4	N	S	O	SO
6	W	NO	SW	NW
7	NW	SW	NO	W
8	SW	NW	W	NO
9	O	SO	N	S

Bestimmung der ungünstigen Kompassrichtungen

Ming Kwa Zahl	1. Vermeidung	2. Vermeidung	3. Vermeidung	4. Vermeidung
1	W	NO	NW	SW
2	O	SO	S	N
3	SW	NW	NO	W
4	NW	SW	W	NO
6	SO	O	N	S
7	N	S	SO	O
8	S	N	O	SO
9	NO	W	SW	NW

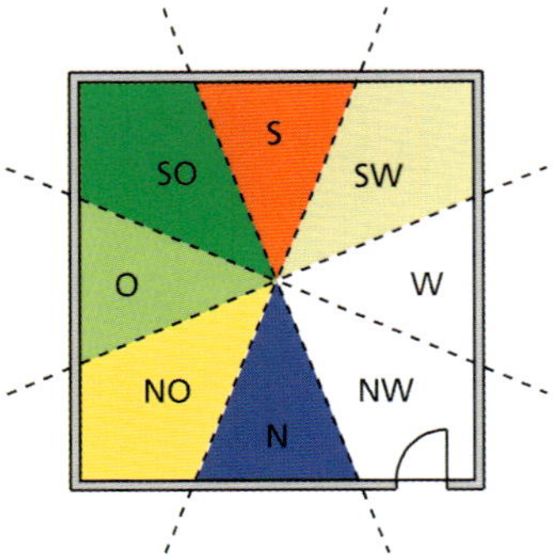

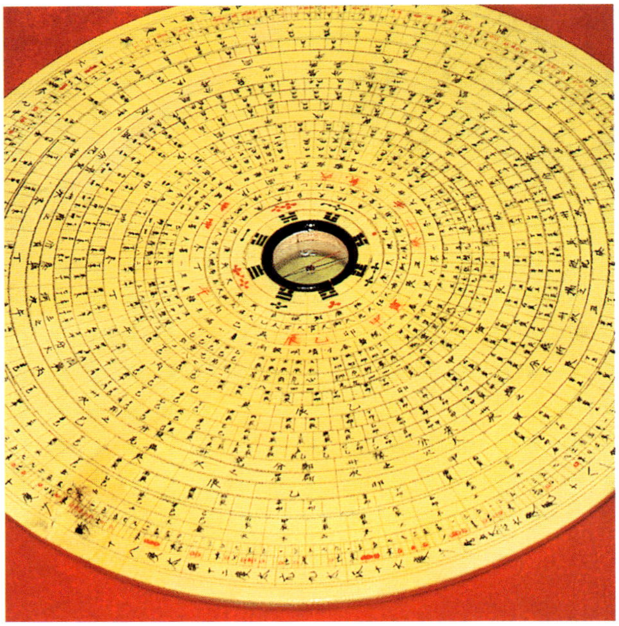

Ming Kwa und Raum

Die meisten Menschen haben, nach der Himmelsrichtung ihrer Räume befragt, keine Idee, wo sie sich direkt befinden. Ich bitte sie dann, sich die Sonne in ihrem Verlauf um das Haus vorzustellen. Wo geht sie auf und wo unter? Es ist gut, wenn man nicht nur weiß, wann Voll- und Neumond ist, sondern auch, wo die Sonne auf- bzw. untergeht. So stellt man sich auf Rhythmen und geregelte Abläufe ein, die in der heutigen Gesellschaft wieder entdeckt werden müssen. Warum gibt es so viele Beschwerden im Menstruationszyklus der Frau? Weil der Zyklus meist nicht »geregelt« ist, die Frau nicht eingeklinkt in die sie umgebenden natürlichen Abläufe von Sonne und Mond. Die Nacht wird oft zum Tag gemacht. Der Körper gerät so aus seinem natürlichen Rhythmus, was im ungünstigsten Fall zu Arhythmien (unregelmäßigem Herzschlag) führen kann.

Weil wir bei der Erarbeitung eines guten Raum-Feng Shui ganz genau sein müssen, reicht es nicht, dass Sie über den Daumen den Norden anpeilen. Um diesen genau bestimmen zu können, benötigen Sie zunächst einen ganz normalen Kompass oder einen Lageplan Ihres Gebäudes. Wenn Sie mit dem Kompass arbeiten, dann stellen Sie sich mit dem Rücken zur Eingangsseite des Gebäudes und nehmen dort die erste Messung vor. Achten Sie darauf, dass Sie sich nicht in den Türrahmen stellen, der häufig Metall enthält. Die Klingel- und Gegensprechanlagen können die Kompassnadel ablenken. Nehmen Sie deshalb mindestens drei Messungen in einem Abstand von einem, zwei und drei Metern vor dem Gebäude vor. Selbst wenn Sie von weiter weg messen, sollten Sie darauf achten, dass keine Autos oder Laternen die Kompassnadel ablenken können.

Teilen Sie nun den Grundriss eines jeden Geschosses in neun gleich große Felder ein. Dann tragen Sie für die Himmelsrichtungen die Elemente dazu und vergleichen dann Ihr eigenes Trigramm-Element der Ming-Kwa-Zahl mit dem Raum, in dem Sie sich befinden. Fördert der Raum Sie oder entzieht er Ihnen Potenziale?

Himmelsrichtung	Element
Osten und Südosten	Holz
Süden	Feuer
Südwesten und Nordosten	Erde
Nordwesten und Westen	Metall
Norden	Wasser

Ihre Ming Kwa ist 3 oder 4,
dann ist Ihr Trigramm-Element Holz

Ihre Ming Kwa ist 9,
dann ist Ihr Trigramm-Element Feuer

Ihre Ming Kwa ist 8 oder 2,
dann ist Ihr Trigramm-Element Erde

Ihre Ming Kwa ist 6 oder 7,
dann ist Ihr Trigramm-Element Metall

Ihre Ming Kwa ist 1,
dann ist Ihr Trigramm-Element Wasser

Ihre Ming Kwa ist 1,

dann ist Ihr Trigramm-Element Wasser

Ihre besten Blickrichtungen sind:
Osten, Südosten, Süden und Norden

Raum im Osten

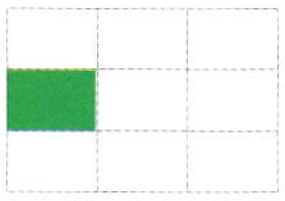

Der Raum, in dem Sie sich befinden, ist Holz und liegt im Osten. Großer Erfolg, Reichtum und Hilfe durch Ihre Angestellten oder Freunde werden Ihnen zuteil.

Raum im Südosten

Der Raum, in dem Sie sich befinden, unterstützt Sie zu großen Errungenschaften zu kommen, zu Glück und Ruhm.

Raum im Süden

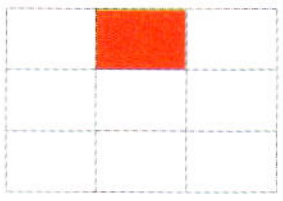

Der Raum, in dem Sie sich befinden, ist Feuer und liegt im Süden. Er sichert Ihnen ein gutes Einkommen und gibt Ihnen das Gefühl von Harmonie, von Einklang bei allem, was Sie tun.

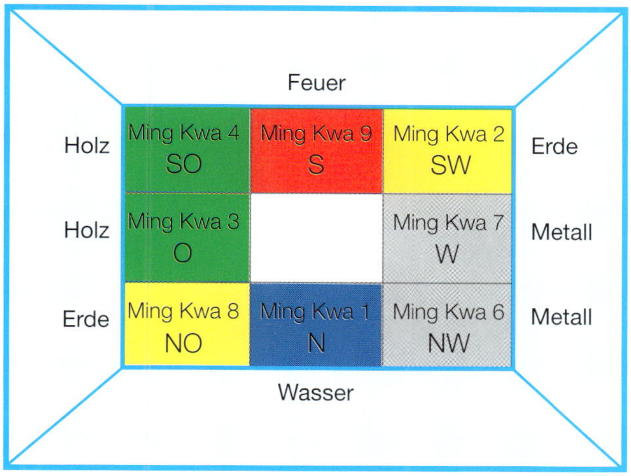

Raum im Südwesten

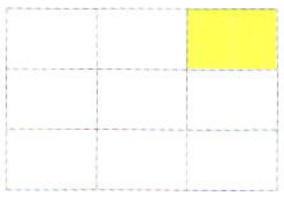

Der Raum, in dem Sie sich befinden, ist Erde und liegt im Südwesten. Das besagt, dass Sie möglicherweise die Energie aufsaugen, die Ihnen keinen Reichtum beschert, dafür Verluste bei der Arbeit, Raub oder Bankrott.

Raum im Westen

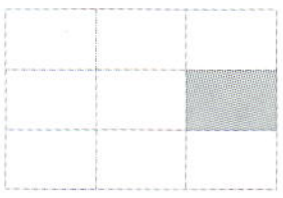

Der Raum, in dem Sie sich befinden, ist Metall und liegt im Westen. Warum fühlen Sie sich immer so unter Druck? Dieser Raum fördert Nervosität und Streit. Ziehen Sie die Probleme an, wie Motten das Licht? Möglicherweise haben Sie mehr Gerichtsfälle am Hals, als Ihnen lieb ist.

Raum im Nordwesten

Der Raum, in dem Sie sich befinden, ist Metall und liegt im Nordwesten.

Sie mögen unter schlechtem Einfluss von anderen leiden. Das Glück ist nicht auf Ihrer Seite.

Raum im Norden

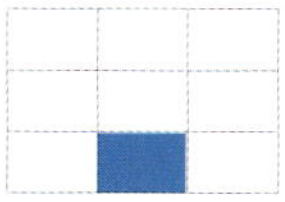

Der Raum, in dem Sie sich befinden, ist Wasser und liegt im Norden.

Hier fühlen Sie sich unterstützt, können in aller Ruhe nachdenken und schwierige Probleme lösen. Sie werden Ihre Angelegenheiten gut handhaben und friedvolle Lösungen finden.

Raum im Nordosten

Der Raum, in dem Sie sich befinden, ist Erde und liegt im Nordosten. Hier haben Sie keine Unterstützungen. Im Gegenteil, kleinere Unfälle könnten sich ereignen und der Erfolg im Beruf ausbleiben.

Ihre Ming Kwa ist 2,

dann ist Ihr Trigramm-Element Erde

Ihre besten Blickrichtungen sind:
Südwesten, Westen, Nordwesten und Nordosten

Raum im Osten

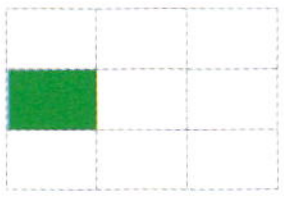

Der Raum, in dem Sie sich befinden, ist Holz und liegt im Osten. Wenn Sie hier mehr als drei Stunden verbringen, können Sie Disharmonien anziehen und Gerichtsfälle.

Raum im Südosten

Der Raum, in dem Sie sich befinden, ist Holz und liegt im Südosten. Kein günstiger Raum, denn Sie werden es schwer haben, Erfolg im Beruf zu erzielen und ziehen schlechte Einflüsse an.

Raum im Süden

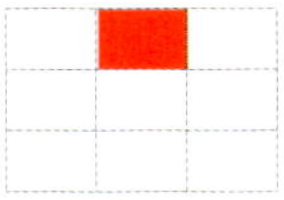

Der Raum, in dem Sie sich befinden, ist Feuer und liegt im Süden. Ein Aufenthalt von mehr als drei Stunden könnte schlechte Einflüsse anziehen und kleinere Unfälle.

Raum im Südwesten

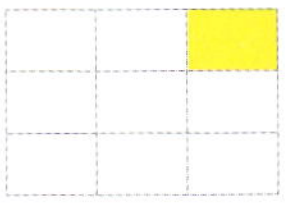

Der Raum, in dem Sie sich befinden, ist Erde und liegt im Südwesten. Sie werden Frieden und Glück anziehen und dies auch bei Ihrer Tätigkeit ausstrahlen, denn der Raum unterstützt Ihr Energiepotenzial.

Raum im Westen

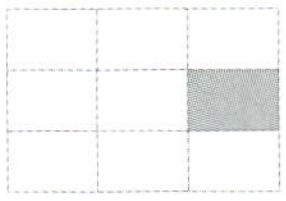

Der Raum, in dem Sie sich befinden, ist Metall und liegt im Westen. Große Erfolge, Reichtum und Hilfen seitens Ihrer Freunde oder Angestellten sind zu erwarten und Sie werden wohltuende Unterstützungen spüren.

Raum im Nordwesten

Der Raum, in dem Sie sich befinden, ist Metall und liegt im Nordwesten.

Harmonie bei der Bewältigung Ihrer Aufgaben und ein gutes Einkommen sind Ihnen gewiss.

Raum im Norden

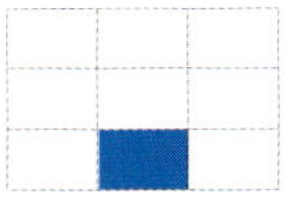

Der Raum, in dem Sie sich befinden, ist Wasser und liegt im Norden.

Meiden Sie diesen Raum, denn er laugt Sie aus und Sie könnten sich fühlen wie ein Wasserträger, der ein Loch im Kübel hat. Auf diese Weise ist es schwer, Reichtum zu erlangen und ich empfehle Ihnen, nach Möglichkeit diesen Raum zu meiden.

Raum im Nordosten

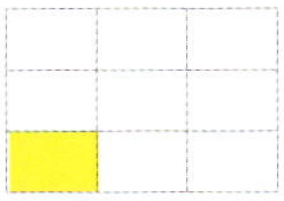

Der Raum, in dem Sie sich befinden, ist Erde und liegt im Nordosten. Große Errungenschaften, Glück und Reichtum werden zu Ihnen kommen, wenn Sie diesen Raum als Büro für sich gewählt haben sollten.

Ihre Ming Kwa ist 3,

dann ist Ihr Trigramm-Element Holz

Ihre besten Blickrichtungen sind:
Osten, Südosten, Süden und Norden

Raum im Osten

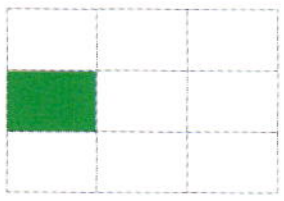

Der Raum, in dem Sie sich befinden, ist Holz und liegt im Osten. Hier erreichen Sie eine gute Unterstützung bei Ihren Angelegenheiten und können friedvolle Energien spüren.

Raum im Südosten

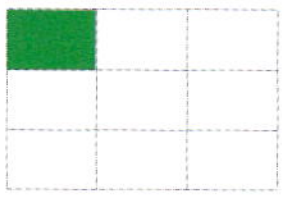

Der Raum, in dem Sie sich befinden, unterstützt Sie, zu großen Errungenschaften zu kommen, zu Glück und Ruhm.

Raum im Süden

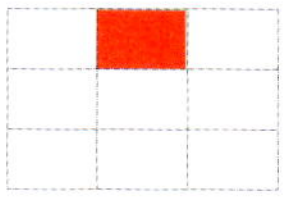

Der Raum, in dem Sie sich befinden, ist Feuer und liegt im Süden. Er sichert Ihnen große Errungenschaften, Glück und Reichtum, wenn Sie hier Ihr Büro gewählt haben sollten.

Raum im Südwesten

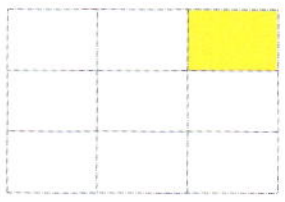

Der Raum, in dem Sie sich befinden, ist Erde und liegt im Südwesten. Das besagt, dass Sie möglicherweise die Energie aufsaugen, die Ihnen keinen Reichtum beschert, dafür aber Probleme und Gerichtsfälle.

Raum im Westen

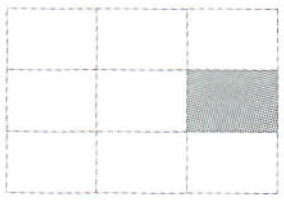

Der Raum, in dem Sie sich befinden, ist Metall und liegt im Westen. Warum fühlen Sie sich immer so unter Druck? Dieser Raum fördert Nervosität und Streit. Ziehen Sie die Probleme an, wie Motten das Licht? Möglicherweise verlieren Sie alles, was Sie sich aufgebaut haben.

Raum im Nordwesten

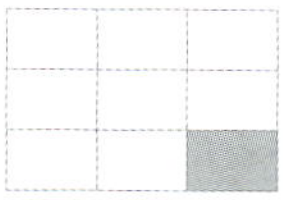

Der Raum, in dem Sie sich befinden, ist Metall und liegt im Nordwesten.

Sie mögen unter schlechtem Einfluss von anderen leiden. Das Glück ist nicht auf Ihrer Seite. Wechseln Sie den Raum!

Raum im Norden

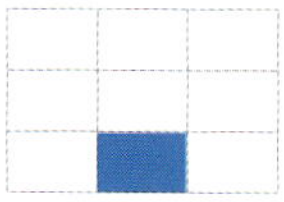

Der Raum, in dem Sie sich befinden, ist Wasser und liegt im Norden.

Hier fühlen Sie sich unterstützt, können in aller Ruhe nachdenken und schwierige Probleme lösen. Sie werden große Erfolge anziehen, Reichtum anhäufen und Unterstützung erhalten.

Raum im Nordosten

Der Raum, in dem Sie sich befinden, ist Erde und liegt im Nordosten. Hier haben Sie keine Unterstützungen. Im Gegenteil, kleinere Unfälle könnten sich ereignen und der Erfolg im Beruf ausbleiben.

Ihre Ming Kwa ist 4,

dann ist Ihr Trigramm-Element Holz

Ihre besten Blickrichtungen sind:
Osten, Südosten, Süden und Norden

Raum im Osten

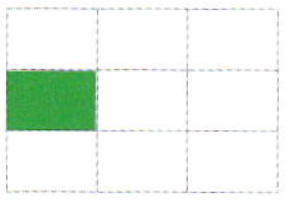

Der Raum, in dem Sie sich befinden, ist Holz und liegt im Osten. Hier erreichen Sie ein gutes Einkommen und ziehen Harmonie und Unterstützung an.

Raum im Südosten

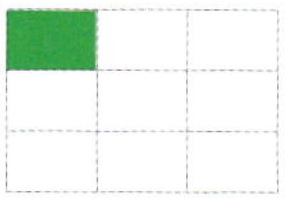

Der Raum, in dem Sie sich befinden, unterstützt Sie bei der Handhabung Ihrer Angelegenheiten.

Raum im Süden

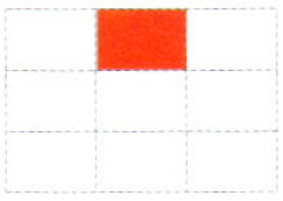

Der Raum, in dem Sie sich befinden, ist Feuer und liegt im Süden. Er sichert Ihnen große Erfolge, Reichtum und Hilfe seitens Ihrer Freunde und Angestellten.

Raum im Südwesten

Der Raum, in dem Sie sich befinden, ist Erde und liegt im Südwesten. Das besagt, dass Sie möglicherweise die Energie aufsaugen, die Ihnen keinen Reichtum beschert, dafür weniger Erfolg im Beruf.

Raum im Westen

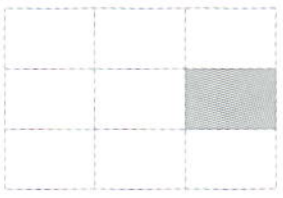

Der Raum, in dem Sie sich befinden, ist Metall und liegt im Westen. Warum fühlen Sie sich immer so unter Druck? Dieser Raum fördert Nervosität und Streit. Ziehen Sie die Probleme an, wie Motten das Licht? Einige unglückliche Situationen scheinen sich anzuhäufen und schlechte Einflüsse überhand zu nehmen, wenn Sie sich länger als drei Stunden hier aufhalten.

Raum im Nordwesten

Der Raum, in dem Sie sich befinden, ist Metall und liegt im Nordwesten.

Sie mögen unter schlechtem Einfluss von anderen leiden. Das Glück ist nicht auf Ihrer Seite. Gerichtliche Verfahren und Disharmonien am Arbeitsplatz könnten die Folge sein, wenn Sie sich hier aufhalten. Probleme, wohin man sieht. Wechseln Sie am besten den Raum!

Raum im Norden

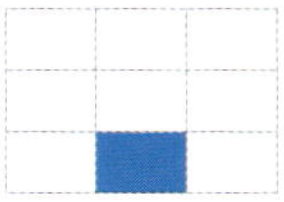

Der Raum, in dem Sie sich befinden, ist Wasser und liegt im Norden.

Hier fühlen Sie sich unterstützt, können in aller Ruhe nachdenken und schwierige Probleme lösen. Sie werden große Erfolge anziehen, Reichtum anhäufen und zu Ruhm gelangen.

Raum im Nordosten

Der Raum, in dem Sie sich befinden, ist Erde und liegt im Nordosten. Hier haben Sie keine Unterstützungen. Im Gegenteil, meiden Sie diesen Raum, denn er bringt Ihnen wahrlich kein Glück!

Ihre Ming Kwa ist 6,

dann ist Ihr Trigramm-Element Metall

Ihre besten Blickrichtungen sind:
Westen, Südwesten, Nordwesten und Nordosten

Raum im Osten

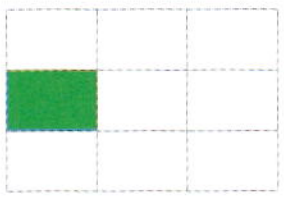

Der Raum, in dem Sie sich befinden, ist Holz und liegt im Osten.

Sie sind mehr als nur bemüht und bekommen doch nicht alles geregelt? Alles kostet Sie mehr Energie, als Ihnen an Anerkennung wieder zurückfließt? Wechseln Sie den Raum, sonst könnten Sie unter schlechten Einflüssen stehen, die Sie nicht weiterbringen.

Raum im Südosten

Der Raum, in dem Sie sich befinden, ist Holz und liegt im Südosten. Disharmonien, Gerichtsfälle und viele Probleme könnten die Folge sein, wenn Sie mehr als drei Stunden hier verbringen.

Raum im Süden

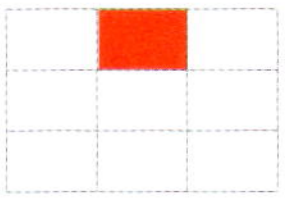

Der Raum, in dem Sie sich befinden, ist Feuer und liegt im Süden.

Sie sind öfter krank, müde und ausgelaugt? Dann wechseln Sie den Raum. Sie haben es schwer, hier zu Reichtum zu kommen und könnten obendrein bestohlen werden.

Raum im Südwesten

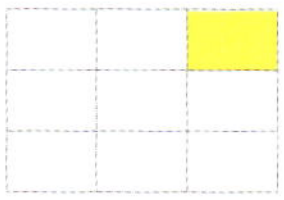

Der Raum, in dem Sie sich befinden, ist Erde und liegt im Südwesten.

Wohlfühlgefühl garantiert! Dies ist Ihr Raum, im wahrsten Sinne des Wortes. Diese Umgebung ist sehr harmonisch und angenehm. Man kann die sanfte Energie beruflich nutzen, da der Raum beruhigend und ausgleichend wirkt. Sie ziehen gutes Einkommen und Harmonie an.

Raum im Westen

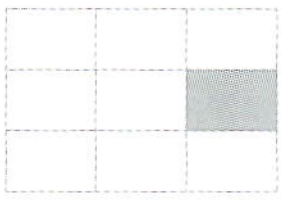

Der Raum, in dem Sie sich befinden, ist Metall und liegt im Westen.

Hier können Sie Großartiges leisten. Statten Sie den Raum luftig, hell, mit gelben und weißen Einrichtungsgegenständen aus. So werden Sie Glück, Ruhm und große Errungenschaften anziehen.

Raum im Nordwesten

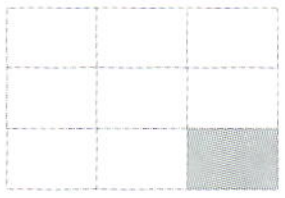

Der Raum, in dem Sie sich befinden, ist Metall und liegt im Nordwesten.

Sie werden hier friedvoll Ihre Angelegenheiten regeln können und Unterstützung erhalten.

Raum im Norden

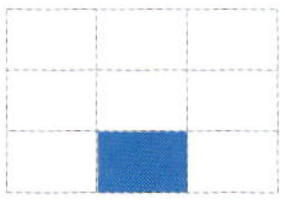

Der Raum, in dem Sie sich befinden, ist Wasser und liegt im Norden.

Halten Sie hier Ihre Kräfte im Zaum! Sollten Sie hier mehr als drei Stunden verbringen, könnten Sie schlechte Einflüsse anziehen und sich bei der Erledigung Ihrer Aufgaben zu sehr abmühen.

Raum im Nordosten

Der Raum, in dem Sie sich befinden, ist Erde und liegt im Nordosten.

Große Erfolge, Reichtum und Hilfen von Angestellten und Freunden können Sie bekommen, wenn dies Ihr Büro sein sollte.

Ihre Ming Kwa ist 7,

dann ist Ihr Trigramm-Element Metall

Ihre besten Blickrichtungen sind:
Westen, Südwesten, Nordwesten und Nordosten

Raum im Osten

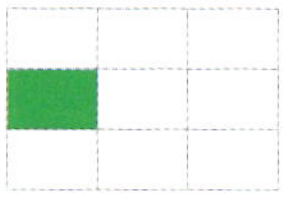

Der Raum, in dem Sie sich befinden, ist Holz und liegt im Osten.

Dieser Raum entzieht Ihnen Energie. Sie werden möglicherweise Ihren Job verlieren, bankrott gehen und nicht den gewünschten Reichtum erzielen. Wechseln Sie am besten den Raum!

Raum im Südosten

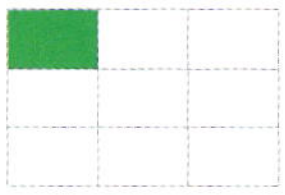

Der Raum, in dem Sie sich befinden, ist Holz und liegt im Südosten.

Wenn Sie hier länger als drei Stunden verweilen, könnten Sie schlechte Einflüsse anziehen und zu kleineren Unglücksfällen neigen.

Raum im Süden

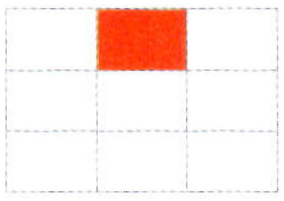

Der Raum, in dem Sie sich befinden, ist Feuer und liegt im Süden.

Obwohl Sie mehr als bemüht sind, bekommen Sie dennoch nicht alles geregelt? Es kostet Sie viel Energie, aber die Anerkennung bleibt aus?

Wechseln Sie den Raum, sonst könnte der berufliche Erfolg ausbleiben.

Raum im Südwesten

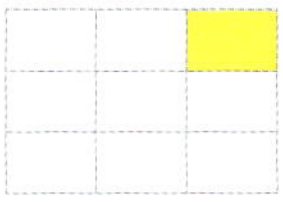

Der Raum, in dem Sie sich befinden, ist Erde und liegt im Südwesten.

Große Erfolge, Reichtum und Hilfe von Angestellten oder Freunden werden Sie anziehen.

Raum im Westen

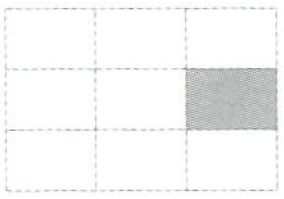

Der Raum, in dem Sie sich befinden, ist Metall und liegt im Westen.

Hier können Sie Großartiges leisten und werden Unterstützung bei der Bewältigung Ihrer Aufgaben erhalten. Alles scheint reibungslos zu funktionieren.

Raum im Nordwesten

Der Raum, in dem Sie sich befinden, ist Metall und liegt im Nordwesten.

Große Errungenschaften, Glück und Reichtum sind auf Ihrer Seite, wenn Sie hier Ihr Büro haben sollten.

Raum im Norden

Der Raum, in dem Sie sich befinden, ist Wasser und liegt im Norden.

Disharmonien und einige Probleme könnte der Aufenthalt von mehr als drei Stunden in diesem Raum mit sich bringen.

Raum im Nordosten

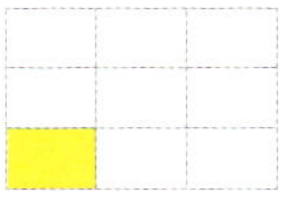

Der Raum, in dem Sie sich befinden, ist Erde und liegt im Nordosten.

Große Erfolge, Reichtum und Hilfen von anderen werden Sie reichlich erhalten.

Ihre Ming Kwa ist 8,

dann ist Ihr Trigramm-Element Erde

Ihre besten Blickrichtungen sind:
Westen, Südwesten, Nordwesten und Nordosten

Raum im Osten

Der Raum, in dem Sie sich befinden, ist Holz und liegt im Osten.

Sie haben das Gefühl, unter Druck zu stehen? Sie können sich nicht genug konzentrieren und leiden unter Stresssymptomen? Sie ziehen möglicherweise schlechte Einflüsse an und das Glück bleibt aus.

Raum im Südosten

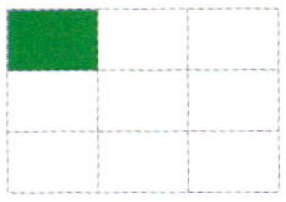

Der Raum, in dem Sie sich befinden, ist Holz und liegt im Südosten.

Bleiben Sie standhaft oder wechseln Sie den Raum, denn Raub, Bankrott und der Verlust von Arbeit und Mangel an Reichtum werden vorhergesagt, wenn Sie sich länger als drei Stunden hier aufhalten sollten.

Raum im Süden

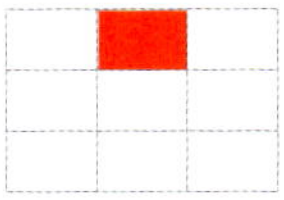

Der Raum, in dem Sie sich befinden, ist Feuer und liegt im Süden.

Hier ziehen Sie möglicherweise Disharmonien an, Probleme und Gerichtsfälle. Halten Sie sich deshalb nicht länger als drei Stunden am Stück hier auf!

Raum im Südwesten

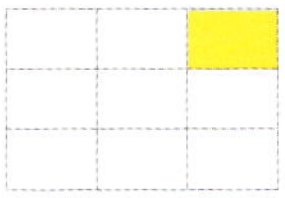

Der Raum, in dem Sie sich befinden, ist Erde und liegt im Südwesten. Wohlfühlgefühl garantiert! Dies ist Ihr Raum, im wahrsten Sinne des Wortes. Diese Umgebung ist sehr harmonisch und angenehm. Man kann diesen Raum als Büro nutzen, denn die sanfte Energie wirkt beruhigend und ausgleichend.

Große Errungenschaften, Glück und Ruhm werden Sie anziehen.

Raum im Westen

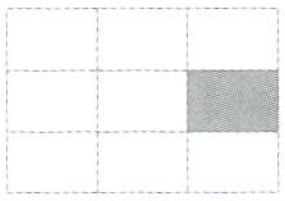

Der Raum, in dem Sie sich befinden, ist Metall und liegt im Westen.

Hier können Sie Großartiges für das Allgemeinwohl leisten.

Sie ziehen förmlich Familienharmonie und ein gutes Einkommen an.

Raum im Nordwesten

Der Raum, in dem Sie sich befinden, ist Metall und liegt im Nordwesten.

Großer Erfolg, Reichtum und Hilfe durch Angestellte oder Freunde werden vorhergesagt.

Raum im Norden

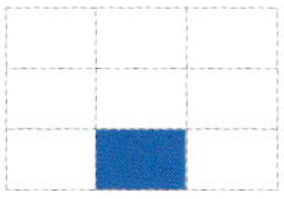

Der Raum, in dem Sie sich befinden, ist Wasser und liegt im Norden.

Sie fühlen sich stark überfordert? Sie glauben, dass alle Last der Welt auf Ihren Schultern ruht? In der Tat könnten Sie sich im Raum des Wassers stark überbeansprucht fühlen. Das kann so weit gehen, dass Sie das Gefühl haben, Ihre Batterien liefen aus, bis hin zum »Burn-out-Syndrom«.

Wechseln Sie am besten den Raum, damit Sie nicht schlechte Einflüsse anziehen und zu Unfällen neigen.

Raum im Nordosten

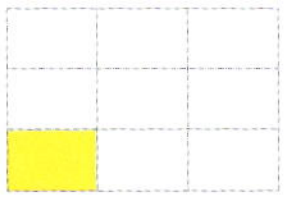

Der Raum, in dem Sie sich befinden, ist Erde und liegt im Nordosten.

Große Errungenschaften, Glück und Reichtum werden zu Ihnen kommen, wenn Sie diesen Raum als Büro nutzen können.

Ihre Ming Kwa ist 9,

dann ist Ihr Trigramm-Element Feuer

Ihre besten Blickrichtungen sind: Osten, Südosten, Süden und Norden

Raum im Osten

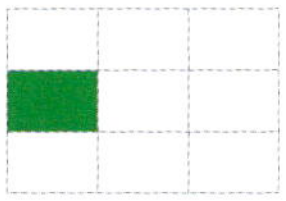

Der Raum, in dem Sie sich befinden, ist Holz und liegt im Osten.

Große Errungenschaften, Glück und Ruhm werden Ihnen vorhergesagt.

Raum im Südosten

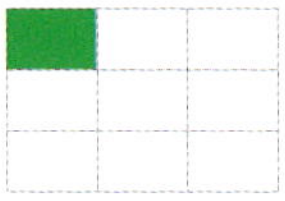

Der Raum, in dem Sie sich befinden, ist Feuer und liegt im Süden.

Großer Erfolg, Reichtum und Hilfe seitens Ihrer Freunde und Angestellten werden Ihnen vorhergesagt.

Raum im Süden

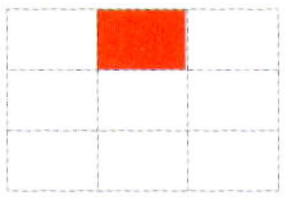

Der Raum, in dem Sie sich befinden, ist Feuer und liegt im Süden.

Sie erhalten gute Unterstützungen bei allem, was Sie tun und können Ihre Angelegenheiten friedvoll und harmonisch lösen.

Raum im Südwesten

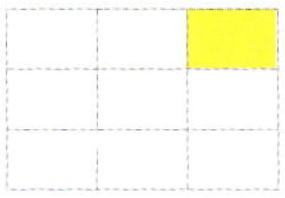

Der Raum, in dem Sie sich befinden, ist Erde und liegt im Südwesten.

Für kleinere Aktivitäten von weniger als drei Stunden ist dieser geeignet. Halten Sie sich länger dort auf, so könnten Sie unter Umständen kleinere Unglücksfälle und schlechte Einflüsse anziehen.

Raum im Westen

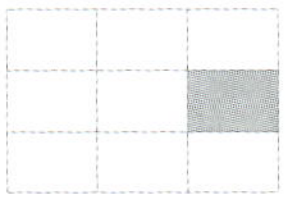

Der Raum, in dem Sie sich befinden, ist Metall und liegt im Westen.

Der Erfolg bleibt möglicherweise auf der Strecke und Sie könnten schlechte Einflüsse anziehen, wenn Sie sich hier länger als drei Stunden aufhalten.

Raum im Nordwesten

Der Raum, in dem Sie sich befinden, ist Metall und liegt im Nordwesten.

Sie haben das Gefühl, mehr zu leisten als zu bekommen? Die Zeit scheint Ihnen zu entgleiten.

Wenn Sie sich für diesen Arbeitsraum entschlossen haben sollten, so wird Ihnen kein Reichtum vorhergesagt und Sie ziehen möglicherweise Diebstahl und Bankrott an.

Raum im Norden

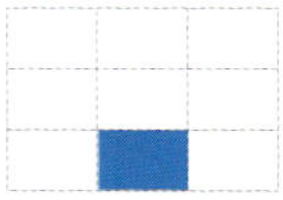

Der Raum, in dem Sie sich befinden, ist Wasser und liegt im Norden.

Harmonie in Familie und Beruf werden Ihnen vorhergesagt und Sie können ein gutes Einkommen erzielen.

Raum im Nordosten

Der Raum, in dem Sie sich befinden, ist Erde und liegt im Nordosten.

Disharmonien, das Gefühl von Druck und Überlastung könnten sich bestimmend in Ihrem Alltag bemerkbar machen, wenn Sie in diesem Raum schlafen oder ihn als Büro nutzen.

17

Mit den Himmelsrichtungen erfolgreich im Gewerbe planen

Jede Himmelsrichtung ist mit einer besonderen Energie versehen. Das lässt sich nicht nur mit dem Sonnenstand erklären. Es gibt über 3500 Jahre alte Erfahrungen auf dem Gebiet der Wirkung verschiedener Einflüsse aus den entsprechenden Himmelsrichtungen. Demnach ist in der Himmelsrichtung Südosten die Produktionsabteilung am besten aufgehoben, der Zusammenbau von Einzelteilen, das Schmelzen und Erhärten von Materialien. In der südlichen Himmelsrichtung gelingen chemische Prozesse und Ideen entwickeln sich. Der Entspannungsraum, die Kantine oder der Erste-Hilfe-Raum sind idealerweise im Südwesten eines Gebäudes angesiedelt. Sollten Sie innerhalb der Firma Lehrgänge veranstalten oder Konferenzräume benötigen, so eignen sich die nach Westen ausgerichteten Räumlichkeiten besonders gut. Hier ist auch die Werbeabteilung eines Unternehmens günstig platziert, da kreative Ideen freigesetzt werden. Im Nordwesten eines Gebäudes sollten das Chefbüro oder die Räume des Vorstands seines Unternehmens liegen. Produktentwicklung, Planung und Führung sind in dieser Himmelsrichtung begünstigt. Sollten Sie einen Maschinenpark oder Werk- und Allzweckräume unterzubringen haben, sind diese im kühlen Norden des Gebäudes bestens aufgehoben. Der Tresor eines Unternehmens, wie insbesondere der Tresorraum von Banken, braucht Schutz und Sicherheit, die im Nordosten eines Gebäudes am besten gegeben sind. Dort ist auch das Lager und die Dokumentenaufbewahrung vorteilhaft. Sollte ein Sicherheitsposten für ein Unternehmen nötig sein, so könnte der Eingang für diesen auch in den Nordosten gelegt werden. Die Abfertigung von Sendungen genauso wie der Warenein- und -ausgang werden im Osten unterstützt.

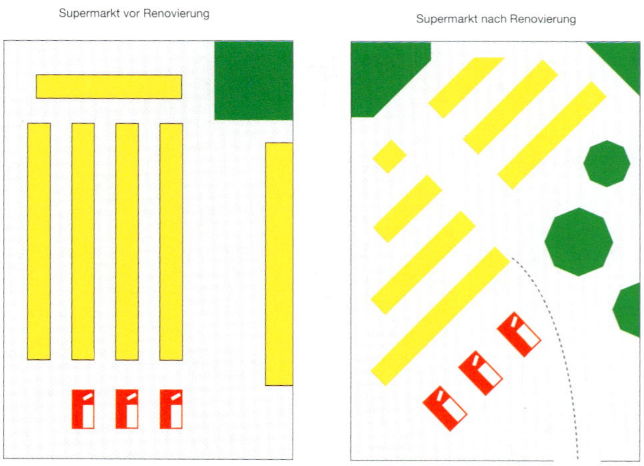

Lesen Sie nachfolgend, welche Himmelsrichtungen sich für welche Gewerbe und Tätigkeiten eignen. Wenn Sie Ihre Räume neu einrichten, Ihr Gewerbe nach den Himmelsrichtungen platzieren oder umziehen wollen, so sollten Sie für den Erfolg Ihres Unternehmens die Hinweise beachten. Meine Erfahrung des letzten Jahrzehnts beweist: Die Himmelsrichtungen auf seiner Seite zu wissen und mit ihnen im Einklang zu sein ist absolut förderlich für den Erfolg. Ich hatte die Gelegenheit, dies selbst bei mehreren Filialen einer bekannten Lebensmittelkette anzuwenden. Sie entwickelten sich zu erfolgreichen Unternehmen, die selbst der Konkurrenz standhalten konnten und einen Umsatzzuwachs von bis zu 18 Prozent verzeichneten.

Norden Kan

Die Himmelsrichtung Norden eignet sich für Routinearbeiten und Öffentlichkeitsarbeit.

Wer plant, kann alles, was mit Routine, Bewegung und Wasser zu tun hat, im Norden platzieren. Das könnten die Schreibzentrale, der Serverraum für den Computer, die Poststelle, der Maschinenraum, die Werkstatt, das Kommunikationszentrum, Drehbänke oder Toiletten und Bäder sein.

Von der Himmelsrichtung Norden profitieren alle Gewerbe, die mit Routine und Bewegung zu tun haben.

Nordosten Ken

Der Nordosten einer Firma oder eines Gebäudes eignet sich für den Tresor, Portier, Sicherheitsbereiche, abgeschlossene Schranksysteme, Lagerung und Schulung.

Nutzen Sie die Ruhe der Himmelsrichtung, deren Energie der Dauerhaftigkeit und Unveränderlichkeit als Warenlager, für den Tresorbereich oder die Lagerung wertvoller Dokumente.

Osten Chen

Nutzen Sie die Vorteile der Himmelsrichtung für die Erledigung der Postsachen, die Anlieferung, EDV, Elektronik, High-Tech.

In der Planung eines Gebäudes kann hier auch der Lieferanteneingang oder die Warenannahme mit einbezogen werden.

Wer Publikumsverkehr hat, sollte den Osten als Eingang nutzen.

Von der Himmelsrichtung Osten profitieren auch: Gemüsehändler, Holzhändler, Schreinereien, Baubüros, Architekten, vegetarische Restaurants, Pflanzenfarbenlaboratorien, Blumenhändler, Gewächshäuser, Friseure, Buchhandlungen, Schreibwarengeschäfte und Krankenhäuser.

Die Sonne, die im Osten aufgeht, unterstützt den Neubeginn, die Erledigung von Geschäften am Morgen, gibt Antrieb und Impulse für Arbeiten am Morgen. Türen und Fenster in den östlichen Himmelsrichtungen beleben alle Arten von Geschäften. Die Ostenergie ist auch förderlich für die Genesung kranker Menschen.

Südosten Sun

Im Südosten sind Kommunikationszentren, Faxgeräte und Telefonanlagen günstig.

Dies ist der geeignete Konstruktionsbereich. Teile werden zu einem Ganzen gefügt.

Hier herrscht die Wandlung. Formen verändern sich: Stoffe werden zu Kleidung, Holz zu einem Schrank und Noten zu Musik.

Süden Li

Im Süden sind Öffentlichkeitsarbeit und Kundenkontakte begünstigt.

Die hitzige Energie des Südens wird produziert, wo gekocht oder chemische Umwandlungsprozesse in Gang gesetzt werden, wie in der Bäckerei, der Gießerei, der Schmiede, der Großküche oder der Schweißerei.

Südwesten Kun

Die Energie der Nachmittagssonne ist in Resonanz mit allem, was mit Versorgung in Verbindung steht, wie der Personalverwaltung, der Erste-Hilfe-Station, der Kantine, dem Entspannungsraum, dem Frauentreffpunkt oder der Entbindungsstation.

Mit der Energie des Südwestens im Einklang sind beispielsweise: die Töpferei, der Porzellanladen, der Baumarkt, der Fliesenhändler, das Edelsteingeschäft, der Lebensmittelhändler, die Ziegelei.

Westen Tui

Die Energie der Nachmittagssonne eignet sich als Bibliothek, für Lehr- und Ausbildungsräume, das Werbebüro, zum Musizieren und Theaterspielen.

Mit der Westenergie in Resonanz stehen alle Gewerbe, die mit Metallen handeln wie die Banken, Juweliergeschäfte, Eisenwarenhändler und Schrotthändler.

Nordwesten Chien

Arbeitszimmer, Chefzimmer, Produktionsleitung, Planungsbüro, Konferenzraum, Plenarsaal, Management, Atelier, Trainingsräume

Hier könnte der Vorstand oder die Geschäftsleitung sitzen, der Konferenzraum, das Planungsbüro und Ähnliches sein. Hier wird geistig gearbeitet.

So fließen Gedanken, die Prozesse des Wachstums in Gang setzen.

18

Erfolgreich bauen nach den Himmelsrichtungen

Diese so durch jahrtausendelange Erfahrungen gesammelten Informationen über Himmelsrichtungen bekommen Unterstützung, indem beim Bau eines Gebäudes auch folgende Parameter berücksichtigt werden:

Im Nordosten:

Den nordöstlichen Gebäudeteil gestalten Sie am besten wie einen Berg, mit massiven Wänden und kleineren, bzw. schmalen Fenstern. In der Gestaltung des umliegenden Geländes stehen hier traditionell große, senkrecht stehende Felssteine oder Hügel in einer guten Resonanz zum Nordosten.

Im Norden:

Wer im Norden Schutz von Hügeln oder Häusern hat, hat eine sehr gute Ausgangsposition, da der Norden für die Rückseite eines Gebäudes genutzt werden sollte. Wer im Inneren eine Wasserwand auf der Nordwand gestaltet, wird Energien für die Firma freisetzen.

Im Osten + Südosten:

Große Fenster- und Glasflächen zum Osten sind ideal, sodass die Morgensonne Wachstumspotenziale freisetzt. Günstig sind Fenster, die nicht bis auf den Boden gehen. Große Pflanzen und Wintergartenareale können hier geplant werden. Im äußeren Umfeld sind größere Hügel, Grünanlagen oder Gebäude unterstützend. Vertikale Linienführungen versinnbildlichen ebenfalls das Element Holz.

Im Nordwesten + Westen:

Hügel oder niedrige Häuser im äußeren Umfeld sind ideal im Nordwesten. Wer Runderker oder entsprechende Bauelemente im Nordwesten plant, nutzt die Kraft und Energie der Himmelsrichtung. Im Rauminneren sind metalische und runde Elemente ideal platziert.

Im Südwesten:

Wer auf der Südwestseite rechteckige oder quadratische Bauformen wählt und horizontale Linienführungen einbringt, nutzt die Kraft und Energie des Südwestens.

Im Süden:

Der Ausblick nach Süden sollte möglichst frei sein. Von hier aus ist es wünschenswert, wenn Energien aus einem offenen Gelände einfließen können oder sich Wasser in der Blickposition befindet.

Die Ausrichtung der Tätigkeiten nach den Himmelsrichtungen ist mit dem Ort, wo man sich befindet, verknüpft. Sollten Sie Ihr Unternehmen in den südlichen Gefilden Europas haben, so werden Sie sich dort vor der Sonne schützen, während Sie im Gegensatz dazu in nördlichen Gefilden wie Norwegen oder Island die Sonne in Ihr Unternehmen möglichst einlassen. Natürliches Tageslicht stimuliert nicht nur die Drüsentätigkeit im Menschen, sondern fördert auch seine Energie, seinen Einsatz für eine Sache, seine Ausdauer und damit sein erfolgreiches Wirken.

19

Die Wachstumspotenziale der Firma fördern

Nutzen Sie das Potenzial der Himmelsrichtung Osten und lassen Sie nicht nur das Tageslicht ein, sondern stellen Sie auch im Osten Pflanzen, insbesondere Bambuspflanzen auf. Hier geht es um das Wachstum der Firma. Wenn Sie Ihre Besprechungsräume, die Räumlichkeiten für den Vorstand oder Betriebsrat im Osten der Firma wählen, dann werden die Entscheidungen von Klarheit getragen werden und dem Wachstum der Firma dienen.

● Gedeihen die Pflanzen, so werden auch die Geschäfte gedeihen, sagen die Asiaten.

Verwenden Sie Pflanzen, die Wachstumskraft haben und gesunde, starke und runde Blätter besitzen. Wasserobjekte wie Aquarien und Springbrunnen heben das Wasser-Chi an und wirken erfrischend und belebend für den Geist. Wählen Sie auch Naturbilder, insbesondere die des Frühlings, da sie am besten die Kraft des Ostens ausdrücken. Auch Bilder der aufgehenden Sonne, an Wänden, die nach Osten schauen, geben Auftrieb und unterstützen die guten Beziehungen zu Ihrem Chef.

Untersuchen Sie auch in Ihrem Arbeitsraum den Bereich Osten. Wie ist er gestaltet? Stehen dort vertrocknete Pflanzen oder überladene Ablagetische? Wie dieser Bereich auch beschaffen sein mag, er ist stellvertretend für das Verhältnis, das man zu seinen Vorgesetzten oder der Führungsetage hat. Strukturieren Sie den Ostbereich klar, entrümpeln Sie ihn gegebenenfalls und beseitigen Sie chronische Unordnung, wenn dies sein muss, sodass Unklarheiten, Hinderungsgründe und Blockaden zwischen Ihnen und der Führungsebene und Ihren unmittelbaren Vorgesetzten behoben werden. Pflanzen und Wasserbrunnen heben das Chi des Ostens an. Wer hier allerdings unerledigte Dinge ansammelt, sollte sich vergewissern, dass er diese bald löst und erledigt. In der Tat belastet all das, was unerledigt ist, es blockiert Energie für das Wesentliche und trägt dazu bei, dass sich das Verhältnis zum Vorgesetzten trübt.

Bei der nächsten Dekoration sollten Sie auch an die farbliche Komponente der Himmelsrichtung Osten denken. Streichen Sie beispielsweise die Ostwand in einem Lindgrün, insofern dies zu Ihrer Inneneinrichtung passt. Die grüne Farbe hat das größte Potenzial an Kraft, so, wie im Frühling die ergrünende Natur. Bei der Tapetenwahl oder in Bezug auf Übergardinen sind Längsstreifen und Bambusmotive unterstützend und förderlich.

20

Die Marktführung und das Image des Unternehmens fördern

Richten Sie die südlichen Räumlichkeiten immer hell ein und verwenden Sie Farbtupfer von Rot. Ein roter Sessel, ein in roten Farben leuchtender Blumenstrauß, Bilder, die den Sommer und die Freude einlassen, rote Buch- und Aktenrücken oder ein roter Teppich können das Ansehen der Firma heben.

Die Südwand ist die »Prestige-Wand«. All das, was Ihr Unternehmen ruhmreich hat werden lassen und all das, was Ihnen Ansehen bringt, sollte im Süden zu sehen sein. Manche hängen ihre Urkunden dort auf, andere stellen Pokale dorthin und wieder andere glänzen dort durch Visualisierungen ihrer Ziele.

Ein Brautladen kann beispielsweise mit der glückverheißenden Farbe Rot den Umsatz fördern, indem im Süden des Geschäftes eine Wand in dieser Farbe gestaltet wird.

Vermeiden Sie im Süden ein Zuviel an Wasser und setzen Sie lieber auf förderliche Pflanzen. Wer den Firmenerfolg rund um die Welt anstrebt, stellt im Süden seinen Globus auf, den er jeden Tag drehen sollte, wie alte Feng Shui-Meister raten.

Sollte die Firmentür nach Süden zeigen, so wäre es von Vorteil, sie in einem Rotton zu streichen. Ist das in Ihrem Fall ganz abwegig, dann wählen Sie stattdessen viel Licht und baden die Tür regelrecht darin.

Wartesessel in einladendem Rot bringen Glück in ein Unternehmen, sagen die Asiaten. Auch der berühmte rote Teppich, der in der Regel nur zu besonderen Anlässen ausgerollt wird, könnte in Ihrem Business als Dauereinrichtung liegen.

Rote Mousepads eignen sich für Menschen, die in den Jahren der Erde und des Feuers geboren wurden.

Da die Zahl Neun mit dem Element Feuer und der Himmelsrichtung Süden verbunden ist, könnte auch die Anzahl von neun Gegenständen im Süden Ihres Unternehmens ruhmreich sein.

Als ich vor zwei Jahren in Hongkong weilte, war gerade eine Ausstellung im Hyatt Regency. Gekonnt hatte man diese Ausstellung im südlichen Gebäudeteil platziert. Zu sehen waren neun verschiedene, von Künstlern gestaltete Kühe! Sie sorgten in der Tat für viel Aufsehen.

21

Die Karriere unterstützen

Der Weg ist lang und geschwungen, bevor Sie das Unternehmen betreten? Die Firma hat einen Rückenschutz und ist damit gegen Rückfälle im wahrsten Sinne des Wortes gewappnet? Wasser fließt vor dem Eingang? Der Eingang ist leicht zu finden, gut beleuchtet, sauber und einladend mit Pflanzen und gutem Duft versehen? Prima, die Karriereaussichten sind sehr günstig, denn die Lebensader des Unternehmens sieht prächtig aus.

Wer beruflich weiterkommen will, wird Feng Shui anwenden. Im Laufe der letzten zehn Jahre habe ich bei mir selbst und für meine Klientel unterschiedliche Wege des Feng Shui ausprobiert. Ich habe mir Notizen darüber gemacht, welche Maßnahmen welche Veränderungen nach sich zogen und kann Ihnen deshalb zuverlässige Ratschläge für Ihre Karriere geben. Das Erste, was Sie für Ihre Karriere benötigen, ist ein Kompass. Mit dem Kompass stellen Sie zunächst fest, wo sich welche Himmelsrichtungen befinden. Wenn Sie die Himmelsrichtungen festgestellt haben, dann sollten Sie Ihre Karriererichtung suchen. Schauen Sie in eine der Richtungen oder sitzen Sie in einem solchen Raum. Sollte d es nicht möglich sein, dann prüfen Sie im Raum die Möglichkeit, über einen Spiegel in eine Ihrer guten Richtungen schauen zu können. Probieren Sie es aus!

Das sind Ihre Karriere-Richtungen

Ming Kwa	Karriere-Richtung
1	Norden
2	Südwesten
3	Osten
4	Südosten
5	Südwesten für Männer und Nordosten für Frauen
6	Nordwesten
7	Westen
8	Nordosten
9	Süden

Wer in seine Karriererichtung schaut, den Blick zur Tür hat und eine Wand im Rücken, ist immer auf der Seite der Erfolgreichen. Wussten Sie, dass, wer die Tür im Blick hat, das Leben kontrolliert? Wer zudem eine Wand im Rücken hat, ist immer gegen geschäftliche Rückschläge gewappnet.

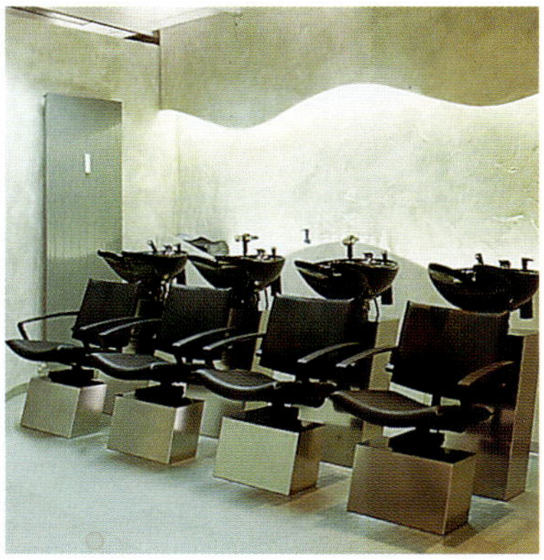

Günstige Schreibtischplattenmaße

59,08 bis 69,81 cm	145,00 bis 155,73 cm
80,56 bis 91,29 cm	171,85 bis 182,58 cm
102,04 bis 112,77 cm	187,96 bis 198,30 cm
123,52 bis 134,25 cm	187,96 bis 198,30 cm

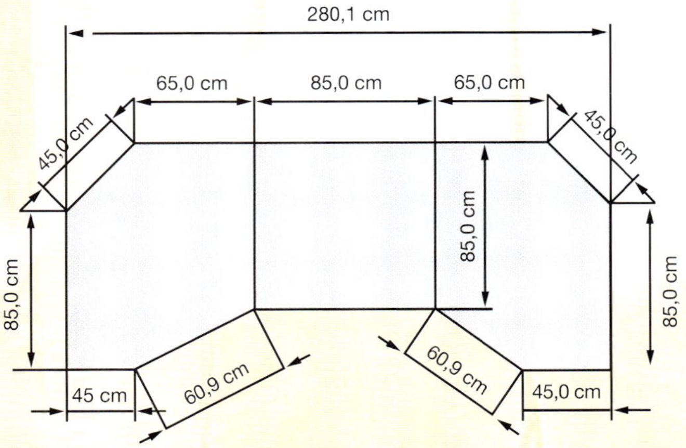

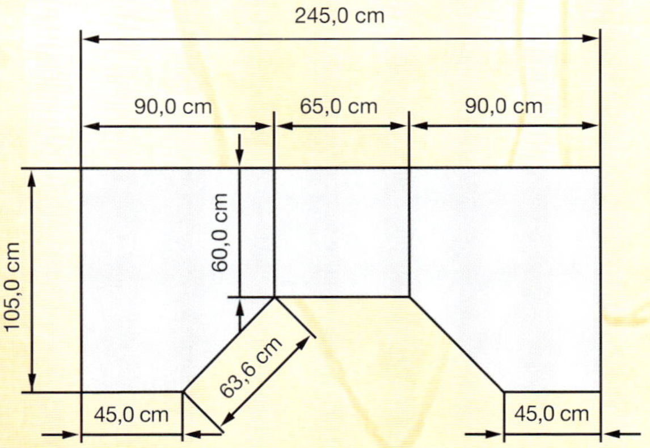

Die hier angegebenen Beispiele verstehen sich als mögliche Feng Shui-Kombinationen.

Haben Sie erst einmal Ihre die Karriere unterstützenden Richtungen ausgelotet, dann sollten Sie das Maßband anlegen. Zunächst einmal an Ihre Arbeitsplatte des Tisches. Messen Sie die Breite und die Tiefe. Ideale Maße geben Ihnen Kraft und lassen Sie nicht so leicht ermüden.

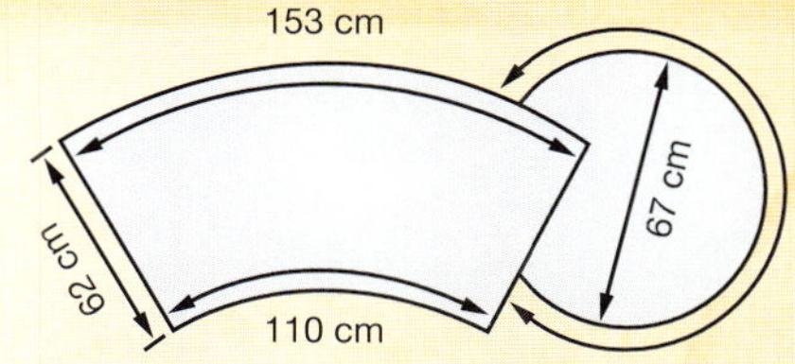

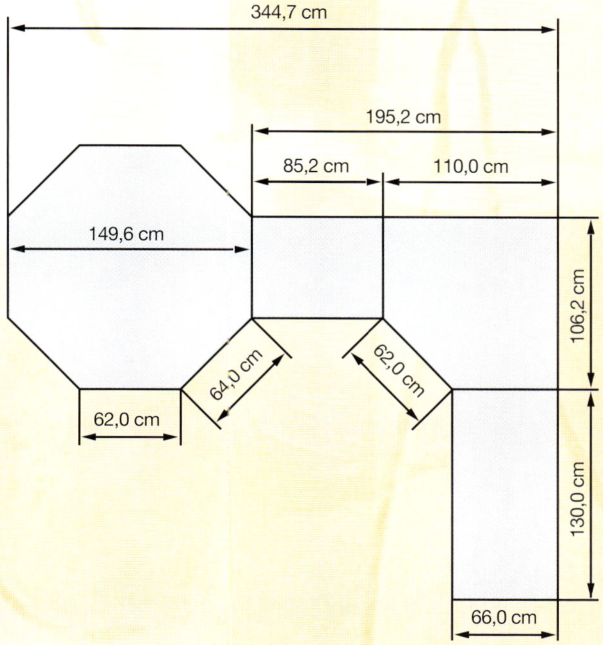

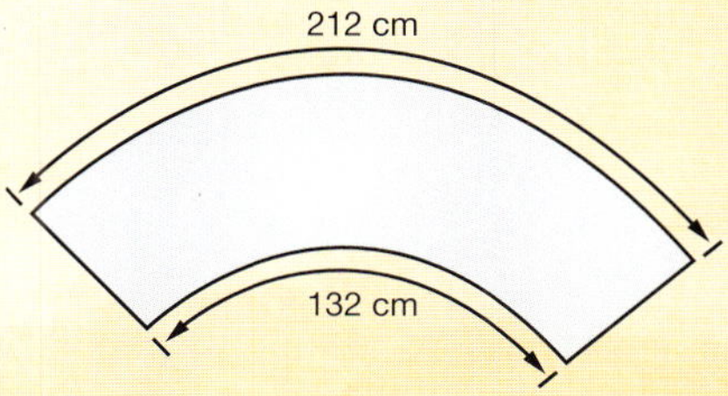

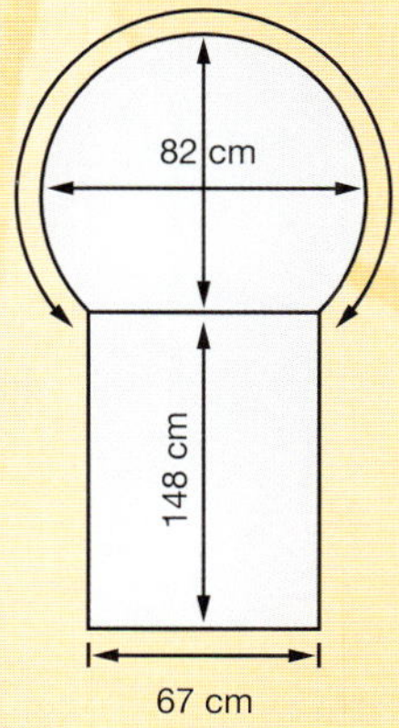

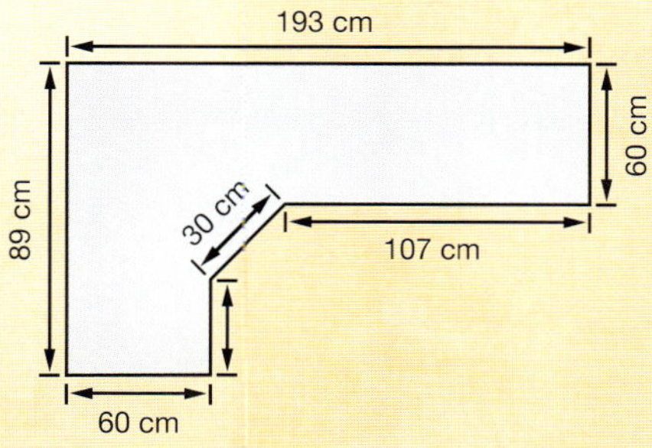

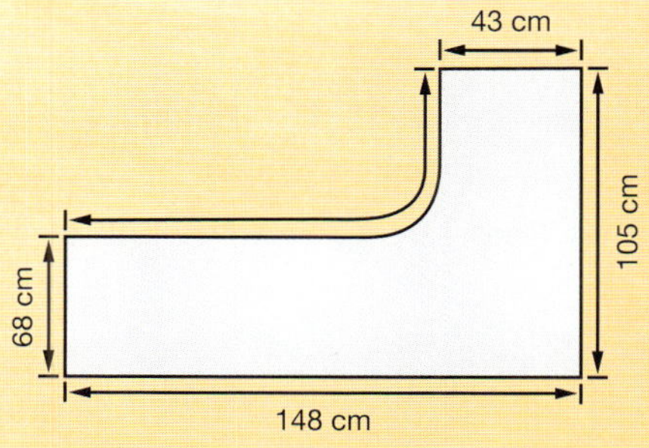

Wasser ist der Karriere nützlich

- Sie haben im Außenbereich Wasser, das sauber ist und gut beleuchtet? Es schwimmen Goldfische darin und ein Springbrunnen bewegt das Chi?

Im Inneren des Gebäudes sind Wasserobjekte, insbesondere im Nordbereich, Karriere unterstützend.

Auch einzelne blaue Wasserschalen mit Blüten können zu einer angenehmen Arbeitsatmosphäre genauso beitragen wie zu einem guten Verkauf. Sie erzeugen auch ein gutes Raumklima und beugen Erkältungskrankheiten vor. Entfernen Sie alles, was unästhetisch sein sollte, trist, reparaturbedürftig, kantig, rot, erdfarben und nicht wohlriechend.

- Banken, Versicherungen, Exportfirmen, Frachtbetriebe, die Reiseindustrie, die Filmbranche und Wechselstuben haben in starkem Maße mit Geldfluss zu tun. Dieser wird im Feng Shui-Denken mit fließendem Wasser gleichgesetzt. Wählen Sie deshalb für diese Unternehmen Wasserobjekte, blaue Farben und glänzende Materialien, so wird auch der Reichtum gefördert.

22

Den Reichtum der Firma steigern

Erkennen Sie Ihre Fähigkeiten, Reichtum zu kreieren! Finanzielles Geschick und Glück gehören genauso dazu wie den inneren Reichtum zu erkennen und ihm auf die Sprünge zu helfen.

Wer die südöstliche Himmelsrichtung innerhalb seines Unternehmens oder Büros untersucht, wird bald feststellen, woran sein Reichtum eigentlich krankt oder warum er so vortrefflich blüht. In der Tat finde ich bei gut gehenden Unternehmen gerade den Südosten prächtig gestaltet, mit großen Pflanzen, Licht und Wasser, das über Keramikwände das Yang-Chi der Räume aktiviert.

In einem Hotel in Hongkong sah ich auch das Symbol des Geldes im Südosten der Eingangshalle und darauf stand ein Klavier. Das schwarze Klavier, Yin, wurde durch weiße Kiesel in der Umrandung, Yang, hervorragend zu einem Reichtumssymbol kreiert. Schon allein der Anblick war atemberaubend schön und harmonisch. Kein Wunder, dass sich rund um das Klavier die Hotelgäste einfanden und es selten einen freien Platz gab.

Vor allem Menschen, die wenig Fähigkeiten besitzen, ihr Geld in der Hand zu behalten und denen es eher durch die Finger zu rinnen scheint, sollten sich mit der südöstlichen Himmelsrichtung beschäftigen.

Sehen Sie sich einmal mit den Augen eines Feng Shui-Kundigen den Bereich des Reichtums im Unternehmen, den Südosten an. Wie *reich* empfinden Sie die Dekoration? Welche Art von Reichtum verbinden Sie damit? Das Gesetz von Ursache und Wirkung besagt eindeutig, dass das angezogen wird, was man symbolisch und gedanklich verankert. Schauen Sie sich um und stellen Sie fest, was blockiert ist. Sind es Bücherstapel, Aktenschränke, welke Pflanzen oder schlicht Gerümpel? Entfernen Sie alles Abgestorbene oder Vertrocknete. Gießen und pflegen Sie die Pflanzen, damit sie üppig gedeihen, so, wie auch der Reichtum gedeihen soll.

In Asien bevorzugt man zum Anziehen der Reichtumsenergie grundsätzlich Wasser. Große Springbrunnen vor den Banken und Aquarien mit Arowana Fischen stehen für Reichtum. Einflussreiche Banken wie die Bank of China in Hongkong erzeugen damit viel Reichtums-Chi. Die Farbe Rot der Fische bringt Glück in Geldangelegenheiten und bedeutet Yang und Aktivität. Wer keinen Springbrunnen aufstellen kann, wird zumindest Bilder von Wasser aufhängen. Im Übrigen gelten Bilder mit Goldfischen als besonders Glück anziehend.

Jeder geistige Impuls, den Sie mit einer neuen Dekoration verbinden, wird sich auf Dauer in den Räumlichkeiten verankern. Das können auch längliche Muster, längs gestreifte Vorhänge oder Jalousetten sein, entsprechende Tapeten oder Fußbodenbeläge, Blau- und Grüntöne.

Schauen wir uns zunächst den Bereich von Reichtum und Segen an. Reichtum und Segen werden erlangt, indem Sie gute Partnerschaften zu Ihren Geschäftsfreunden aufbauen, sich zuverlässig, korrekt, treu und selbstbewusst Ihrer Klientel gegenüber verhalten. Reichtum können Sie sich als eine sich füllende Schale vorstellen, die, je nachdem, wie viel Sie zu geben bereit sind, von anderen gefüllt wird.

Symbolisch entspricht der Bereich Reichtum dem Wachstum eines Baumes, einer Pflanze, die ihren Samen irgendwann einmal gestreut hat und im späten Frühling treu und zuverlässig wächst. Es ist aber auch das Symbol der Schale an sich, die Sie in den Südosten stellen können, gefüllt mit Münzen oder Glasperlen, die den Grundstein legen, dass noch mehr Inhalt hinzukommt. Besondere Geldmünzen, die es mit der typischen, mittigen Lochanordnung in China gibt, werden gern für den Bereich des Reichtums und Segens verwendet, insbesondere, da sie mit verschiedenen Symbolen des immerwährenden Glücks ausgestattet sind.

Auch Geldbuddhas, die so heißen, weil sie einen gefüllten Sack mit sich tragen, stellen den Bezug zum Reichtum her. Sie müssen kein Anhänger von chinesischen Accessoires werden, denn es gibt eine ganze Reihe von abendländischen Möglichkeiten, Reichtum zu symbolisieren, wie es Bilder von Oliven- oder Bambushainen tun. Jede Art von Bildern mit Flüssen, Seen oder Meereswogen ist angebracht. Dabei sollte die Art, wie das Wasser aussieht, als ein Hinweis auf die Qualität des Reichtums verstanden werden. Ein karger, schroffer Felsen in einer tosenden Brandung kann beispielsweise bedeuten, dass der Reichtum nicht gehalten werden kann. Seien Sie deshalb auch gegenüber den Inhalten der Wasserbilder wachsam und seien Sie versichert, dass hundert Prozent Wasser-Chi nur in der Natur vorkommt und das Wasserbild als solches dessen Energie nur als Vorbild nehmen kann! Beachten Sie auch die Richtung, in die das Wasser auf einem Bild fließt. Es sollte Ihnen zufließen und sich im Vordergrund sammeln. Niemals aber lassen Sie es aus dem Fenster oder der Tür fließen. Hängen Sie das Bild am besten so auf, dass das Wasserthema in den Raum hineinfließt.

Echtes Wasser ist natürlich in jedem Fall einem Bild vorzuziehen. Denn nur dieses befeuchtet den Raum und gibt die richtige Luftessenz, auch für das Wachstum der Pflanzen und damit für Ihr eigenes Wohl und Vorwärtskommen. Das Reinigen und Erneuern von Brunnen oder Aquarien ist eine Arbeit, die uns daran erinnern sollte, auch saubere Geschäftsabschlüsse zu tätigen und dass es von Bedeutung ist, in einer »sauberen« Art und Weise mit geschäftlichen Absichten und Partnern umzugehen.

Symbolisch bedeutet Wasser Erneuerung und die Eröffnung von Möglichkeiten. Man könnte auch sagen: »Geben macht seliger denn nehmen.« Innerer Reichtum ist genauso gemeint wie der Wohlstand im Äußeren. Jedoch muss Reichtum definiert werden. Definieren Sie deshalb, in welcher Zeit Sie wie viel davon im Inneren wie im Äußeren erwerben möchten. Alles, was Fülle und Vermögen für Sie ausmacht, kann im Südosten Verwendung finden.

Kapital ist nicht zu erlangen ohne die Pflege der Kunden und Partner des Unternehmens. Andererseits ist auch das Prestige einer Firma davon abhängig, inwieweit diese bereit ist, den Weg ihrer Mitarbeiter zu fördern, ihnen Perspektiven für ihre Karriere aufzuzeigen und in den Räumlichkeiten ein Ambiente des Wachstums herzustellen. In den nächsten zwanzig Jahren wird sich das Verhältnis Arbeitgeber zu den Auszubildenden wandeln. Die Geschäftsleitung sollte in besonderem Maße bereit sein, auch von den jüngeren Mitarbeitern zu lernen. In dieser Interaktion wird der Weg des Unternehmens auch für die Zukunft hin gesichert sein.

Die besten Farben zur Aktivierung des Reichtums sind Blau- und Grüntöne. Sie haben selbstverständlich die Freiheit, Ihre Reichtumszone so zu gestalten, wie es Ihrem Gefühl, der Mode und Ihrem Firmencharakter entspricht. Wer noch mehr für den Reichtum tun möchte, sollte sich zunächst umsehen, mit welchen Zahlen er sich umgibt. Je öfter Zahlen geschrieben, ausgesprochen oder gedacht werden, umso größere Bedeutung erlangen sie. Endet Ihre Kontonummer mit einer Vier? Dann sollten Sie schnell das Konto ändern, sonst könnte es zu finanziellen Engpässen kommen. Besser ist es, die Acht als letzte Kontonummer stehen zu haben, sie auf dem Auto, als Telefonnummer oder Hausnummer zu wählen, um das Glück mit ihr anzuziehen.

Lesen Sie nachfolgend, was es mit der Acht auf sich hat.

Zahlen des Reichtums

Zahlen sind kein Zufallsprodukt, wenn auch manche sie so behandeln. Zahlen sind eine Form von Energie. Man kann sie in Buchstaben oder gar Noten umwandeln und sie sogar hörbar machen. Zahlen sind mit einer besonderen Magie ausgestattet. Heute werden Autotypen mit Zahlen versehen oder Lautsprecher und andere technische Geräte. Aber auch die Kontonummern, Autokennzeichen, Telefon- und Hausnummern haben eine fühlbare Wirkung, wenn man sie ausspricht. Zahlen bestimmen den Alltag, indem man sich am Datum und der Uhrzeit orientiert. So ist es nicht verwunderlich, dass seit Jahrtausenden Zahlen eine immense Bedeutung haben. Schließlich spielen sie beim Rechnen und vor allem beim Bezahlen eine Rolle.

In Kanada und Hongkong beispielsweise werden für viel Geld günstige Hausnummern ergattert, um das Glück auf seiner Seite zu wissen – und in eine Hausnummer 4 zieht man schon gar nicht ein. Die Nummer 8 hingegen verheißt viel Erfolg und dreimal die Acht ist sensationell! Dass Zahlen teuer zu stehen kommen können, erfahren tagtäglich Geschäftsleute in Hongkong, Singapur oder Malaysia. Für fünfstellige Beträge kaufen sie sich ihre Hausnummern, wie 8, 88, 888, 9, 99, 999 oder Kombinationen daraus. Das ist nicht verwunderlich, denn die Acht bringt Erfolg und die Neun Glück ins Haus. Wer allerdings eine Kontonummer mit einer Vier am Ende hat, wird sich schwer tun, Reichtum aufzubauen. Auch die Vier in der Telefonnummer ist nicht Glück verheißend. Sie bedeutet bei den Chinesen Tod, weil sie ausgesprochen genauso wie das Wort Tod klingt. In Europa bedeutet die *Vier* Meinungsverschiedenheit und harte Arbeit. Beides ist für das Konto, wie für die Geschäftsadresse ungünstig. Wer Glück und Erfolg anziehen möchte, wird sich in erster Linie der Acht bedienen. Bei den Chinesen klingt die Acht in der Tat wie das Wort für Wachstum und Wohlstand. Achten Sie darauf, dass vor der Acht eine zweite glücksverheißende Zahl auftaucht. Diese kann 1, 6, 7, 8 oder 9 sein. Da wir uns nach dem chinesischen Kalender bis zum Jahre 2004 in der Periode 7 befinden, ist die Zahl 7 jetzt noch besonders günstig. Zwei ist gleichbedeutend mit Leichtigkeit und Fünf die Zahl der Wandlungsphasen.

Wenn Sie am Anfang irgendeiner Zahlenkombination eine Vier haben sollten, so ist dies nicht entscheidend. Das Ende der Zahlenreihe hat eine größere Bedeutung. Die letzte Zahl in der Reihe kann das ungünstige Schicksal in ein besseres wandeln oder umgekehrt. In meinem Buch »Geheimsymbolik des Feng Shui« bin ich darauf näher eingegangen. Im Chinesischen liest man die Bedeutung der Zahlen der Reihe nach:

Die Zahl 788 bedeutet zum Beispiel, dass es sicher (7) ist, erfolgreich (8) zu sein. Oder die Zahl 244 sagt, dass es leicht (2) ist zu sterben (4). Während die Zahl 73 vermittelt, dass es sicher (7) ist zu leben (3). So wie die 58 (Erlangung von Reichtum), 11 (viel Glück), 15 (vollkommene Harmonie, die zu Reichtum führt), 10 (sehr sichere Vollkommenheit), 75 (Vollendung) oder 66 (vergangener Reichtum) bedeutet. Die 9 ist in der chinesischen Astrologie der Fliegenden Sterne die Zahl der Epoche von 2023 bis 2043, also für die Zukunft avisiert. Deshalb wird ihr Stärke zugemessen, denn sie entwickelt sich noch und ist erst am Beginn. Die Zahl 6 hingegen gehört zu einer alten Zeitperiode, der Zeit von 1963 bis 1983. Da die Zeit vorbei ist, ist auch ihre Kraft verflogen.

Schätzen Sie mit diesen Informationen Ihre Hausnummer, Ihre Konto- und Autonummer ein. Sie werden erstaunliche Feststellungen machen. Durch zwei teilbare Zahlen sind von der Qualität her Yin. Dies sind 2, 4, 6 und 8. Unteilbare Zahlen sind Yang-Zahlen. Yin-Zahlen sind schwach, da teilbar. Yang-Zahlen sind stark, weil sie unteilbar sind. Für geschäftliche Zwecke sucht man sich deshalb möglichst starke Zahlen aus wie 18, 55, 58, 89, 98 oder 95. So sind die erfolgreichen Zahlen 8 und 9 starke Erscheinungen.

Selbst Ihre Autonummer sollte günstig sein, die geschäftliche Telefonnummer und die Nummer des Tresorfaches in der Bank. Wo auch immer, Sie werden damit zu einem Magnet des Glücks. Je öfter Sie sich mit den Zahlen umgeben, diese aussprechen oder schreiben, umso eher wird sich deren Wirkung in Ihrem Leben entfalten.

Eine meiner Klientinnen hatte drei Konten, eines mit der Endziffer Vier. Ich vermutete, dass sie auf diesem wohl immer einen Überziehungskredit nötig hatte. Sie bejahte und wir sahen uns gemeinsam die Telefonnummer Ihres Geschäftes an. Diese lautete: 222899. Eine wahrlich phantastische Zahlenkombination, die besagt, dass es leicht sein wird, zu Erfolg und Glück zu kommen.

Probieren Sie es aus. Das Leben kann Ihnen wesentlich geneigter werden, wenn Sie die richtigen Zahlen um sich herum haben. Sind doch Zahlen Schwingungen, Töne und Musik! Wählen Sie statt Missklang Harmonie um sich herum. Und was Sie auch beginnen – es gelingt Ihnen leichter.

- **In Hongkong heißt eine Firma Investment Group 88. Sie hat damit die Acht als Erfolgsmagnet auf dem Banner der Firma!**

23

Die Zusammenarbeit fördern

In der Himmelsrichtung Südwesten werden interne, betriebliche Regelungen unterstützt, das Betriebsklima, die Zusammenarbeit und insbesondere das Gleichgewicht der Firma gefördert. Diese Richtung wird auch als der »Weg der Erde« bezeichnet und bedeutet, dass die Menschen lernen sollten, die Gaben der Erde zu schützen und mit Dankbarkeit entgegen zu nehmen. Im Unternehmen bedeutet dies, dass sich die Firmenleitung auch dankbar gegenüber ihren Mitarbeitern zeigen und ihnen Möglichkeiten zur Regeneration ihrer Kräfte eröffnen sollte.

Schauen Sie sich um! Die Gestaltung der Himmelsrichtung Südwesten innerhalb des Unternehmens und in Ihrem Arbeitsraum spiegelt das persönliche Verhältnis der einzelnen Mitglieder der Firma untereinander. Zwischenmenschliche Beziehungen sind immer ein schwieriger Balance-Akt, und damit dieser gelingt, sollte der Südwesten Festigkeit, Stabilität und räumliche Rückzugsmöglichkeiten bieten. Wenn man sich hier entspannen, gesund ernähren oder regenerieren kann, so ist der erste Schritt zur Förderung einer guten Zusammenarbeit getan.

Jegliche Unordnung, jeglicher Schmutz und Räume, die verwaist oder vollgestellt sind, behindern firmeninterne Angelegenheiten. Förderlich ist, dass wenn Sie einen Abstellraum in diesem Bereich tatsächlich benötigen, Sie mit Lüftungsschlitzen arbeiten, ihn sauber und aufgeräumt halten, und mit Lichtkontakten und einem Klangspiel ausstatten. Wählen Sie gelbe Farbtöne, Terrakotta-Materialien, Bilder der Zusammenarbeit und deren Symbolik.

Viele Menschen arbeiten heute schon von zu Hause aus. Dies betrifft den Bereich Südwesten, die *Partnerschaft*. Mitunter können aber geschäftliche und private Einflüsse ineinander fließen und so auch die Beziehung, zum Beispiel zum Partner, beeinflussen. Andere teilen sich in der Firma einen Arbeitsbereich. Das bedeutet in der Regel, dass man gemeinsam an einem Strang zieht.

Gestalten Sie diesen Bereich mit Marmor oder Terrakotta. Farben wie Rot, Gelb, Orange oder Creme-Weiß erhöhen hier das Potenzial der produktiven Zusammenarbeit. Bilder mit dem Thema der Partnerschaft von Ländern, Flaggen oder Bilder von Menschen, die sich die Hände reichen, sind hier willkommen.

Vermeiden Sie ein Zuviel an Grün und setzen Sie lieber auf den aufbauenden Zyklus: Verwenden Sie Licht und dezentes Rot zur Energieanhebung.

24

Kreativitätspotenziale wecken

Kreativitätspotenziale im Inneren sind mit der westlichen Himmelsrichtung im Außen verbunden. Warum ist das so? Die Energie der Himmelsrichtung Westen entspricht dem Weg des Taos, der ganzheitlichen Entwicklung, die Zukunftsperspektiven eröffnet und kreative Prozesse fördert – und insbesondere die Jugendlichen in ihrem Wirken unterstützt. Kreativitätspotenziale können Sie fördern, indem Sie Weiß-, Beige- und Gelbtöne in die Räumlichkeiten bringen. Sie stimmen heiter und erzeugen das Gefühl von Weite und Ausdehnung.

Die Weisen studierten das Zusammenspiel der Wirkung von Farben und Formen auf den Menschen. In der Tat wirkt Feng Shui im Sinne der Raumpsychologie. Wer kreative Ideen sprudeln lassen möchte, braucht Platz, frische Luft, Bewegungsspielraum. Runde Formen wie Kugeln als Objekte, aus Metall oder Keramik, selbst runde Tischformen, stellen eine Energieform dar, die es leichter macht, kreativ und schöpferisch zu sein.

Gestalten Sie Ihren individuellen Kreativitätsbereich, auch wenn dieser nicht in der westlichen Himmelsrichtung liegen sollte, entsprechend stimulierend. Alles, was eintönig und monoton ist, wird Ihr eigenes und das Potenzial der Firma auf Dauer beeinträchtigen können. Ich empfehle Ihnen beispielsweise die Westwand zu nutzen, um Ihre Zukunftsprojekte sichtbar zu machen. Wasserobjekte, »junge« Bildinhalte und zukunftsweisende Slogans, Darstellungen von drehenden Rädern und metallische, mobile Teile sind hier ebenfalls unterstützend. Werbeplakate mit der Aufschrift: »Wir gestalten die Zukunft« oder: »Mit uns macht Reisen Spaß« sind ebenso denkbar.

Wer die Energie des Westens speziell nutzen möchte, könnte hier einen »Meeting Point« oder einen Raum für Marketing integrieren, um die schnelle, sich drehende Energie, die auch Einfälle begünstigt, aufzunehmen.

»Verstaubte Hüte« hindern den Fluss der Energie. Der Kreativitätsbereich benötigt Platz, glatte, runde und glänzende Oberflächen, Weiß, Grau, Gelb- und Beigetöne. Wer die Zukunft vor Augen hat, braucht die Zeit im Griff. Deshalb ist eine Uhr an der Westwand mitunter unerlässlich.

Um Ihr Zeitmanagement in den Griff zu bekommen, gibt es einige gewinnbringende und zielsichere Möglichkeiten, von denen ich Ihnen an dieser Stelle einige aufführen möchte:

Nutzen Sie am besten die Zeit der Autofahrt, um wichtige Informationskassetten zu hören.

Tragen Sie stets einen Notizblock oder einen kleinen Computer für Gedanken und Einfälle bei sich.

Schreiben Sie alle anfallenden Arbeiten auf und notieren Sie die Reihenfolge. Bestimmen Sie dann, wer Ihnen davon welche Arbeiten abnehmen kann.

Meiden Sie Leute, die Ihre Zeit vergeuden.

Verbinden Sie Ihre Lunchzeit mit konstruktivem Zusammensein.

Notieren Sie sich die Stunden, in denen Sie am leistungsfähigsten sind. Legen Sie wichtige Arbeiten in die Zeiten des Maximums an Energie!

In der Regel sind Sie am Morgen am leistungsfähigsten, gerade dann, wenn sie zum Frühstück Frischkornbrei gegessen haben, der nicht nur lange vor-, sondern auch hellwach hält, durch seinen hohen Anteil an Mineralstoffen.

Zusätzlich ist jede Art von Spiel, Spaß und kreativem Interieur willkommen, um die Firmenziele mit Leichtigkeit zu erlangen.

Der Bereich der Projekte wird maßgeblich davon beeinflusst, wie viel Spielraum sich die Geschäftsleitung selbst, aber auch ihren jungen Mitarbeitern einräumt. Alles, was dort an Antiquitäten stehen sollte oder an alten Akten, sollte einen neuen Platz finden, denn der Bereich der Projekte und zukünftigen Ereignisse sollte nicht belastet werden mit Dingen der Vergangenheit.

- Das, was Sie in Zukunft erzielen möchten, sollten Sie auch im Westen des Unternehmens sichtbar in Erscheinung treten lassen.

Gehen Sie mit der Zeit. Wer noch immer seine Osterdekoration oder die des Vorgängers im Büro hängen hat, sollte sich Gedanken machen, ob er *up to date* ist.

Wechselrahmen für Bilder bieten nicht nur Raum für Veränderung, sondern auch die Möglichkeit, die Bildinhalte der Jahreszeit und der Stimmung entsprechend auszuwechseln. Nutzen Sie die Möglichkeit der westlichen Räume oder der westlichen Wand, um kreative Ideen sprudeln zu lassen.

25

Gute Geschäftspartner anziehen

Die Himmelsrichtung Nordwesten wird mit dem Begriff der Freunde, auch der Helfer, und Mentoren belegt. Die Grundinformation, die hier dahintersteht, ist, den »Weg des Himmels« zu gehen, was bedeutet, einen Glauben an eine höhere Kraft und Führung zu entwickeln. Möchten Sie Unterstützung in Ihrem beruflichen Fortkommen, aber auch für die Firmenleitung an und für sich erreichen, so werden die Maßnahmen ähnlich sein wie die der Himmelsrichtung Westen. Mit dem Unterschied, dass die Materialien kunstvoller, vollendeter, einprägsamer und schwerer gewählt werden sollten, denn Beständigkeit und Dauerhaftigkeit dieser Gegenstände werden assoziiert mit der Dauerhaftigkeit und Beständigkeit des Unternehmens.

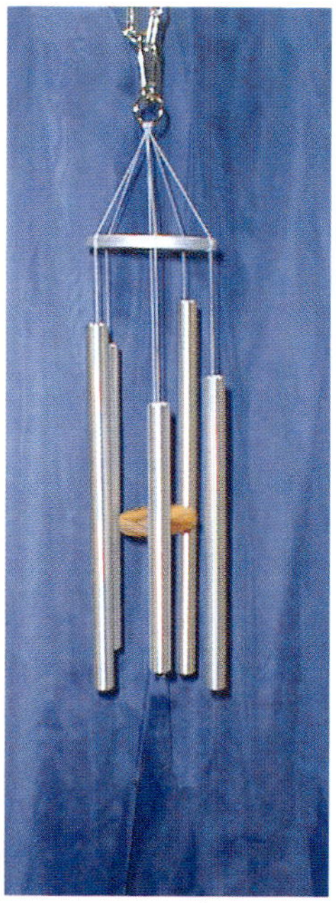

Telefone, Computer und Faxgeräte sind am besten im Nordwesten platziert. Empfangen Sie Ihre Geschäftspartner, indem Sie anziehende, bequeme Sitzmöglichkeiten schaffen, Getränke anbieten und Informationsbroschüren. Wenn es bei Ihnen nicht möglich sein sollte, im Nordwesten Menschen zu empfangen, so schaffen Sie dennoch einen einladenden Platz an anderer Stelle, an dem Sie etwas anbieten können.

Alles, was am Verwesen, Verblühen und Abbröckeln sein sollte, bedeutet im übertragenen Sinne, dass auch die Hilfe von außen und der Kontakt zu den Geschäftspartnern »abbröckeln« könnte. Dies erst recht dann, wenn sich der desolate Bereich im Nordwesten befindet. Metallklangspiele und schöne Klänge »rufen« potenzielle Geschäftspartner.

Skulpturen aus gebürstetem Metall, große Kugeln, runde Konferenztische, Teppiche oder sogar solche Gebäudeteile fördern die Unterstützung, die aus dem Nordwesten kommt. Es wird auf diese Art und Weise Resonanz erzeugt zwischen dem von Menschenhand geschaffenen Umfeld und der Himmelsrichtung.

Überprüfen Sie den Nordwestbereich Ihrer Arbeitsstätte. Dort sollten Klarheit und Ordnung herrschen. Die besten Farben sind: Weiß, Grau, Gold und Silber. Hängen Sie an der Nordwestwand beispielsweise Bilder, die ein gutes menschliches Miteinander zeigen, auf. Edle Gegenstände aus Metall, wie versilberte Vasen oder Messing-Gegenstände, sind hier willkommen.

Auch Gegenstände, die Sie von anderen erhalten haben, die Sie wohlwollend bedachten, sind hier ausgezeichnet platziert.

Für die Fenster eignen sich Kristallkugeln, die das Sonnenlicht reflektieren.

In Asien verwenden Geschäftsleute schwere Glocken auf dem Sideboard oder Klangspiele mit sechs Röhren, um durch ein gutes Interieur-Design den Nordwestsektor ihres Unternehmens zu stärken.

Der Nordwesten lässt sich auch sehr gut als Besprechungsbereich nutzen, oder Sie platzieren hier Telefon und Faxgeräte, die für Kommunikation mit den Mitmenschen stehen.

So eingeklinkt in die Energieform der nordwestlichen Himmelsrichtung, werden Sie gute geschäftliche Möglichkeiten anziehen und entsprechende Verbindungen aufbauen, so wie auch im nebenstehenden Beispiel eines Friseursalons.

26

Farben für das Business von A bis Z

Wenn wir hier die einzelnen Branchen und Unternehmen näher betrachten würden, würde dies den Rahmen dieses Buches sprengen. Nachfolgend möchte ich Ihnen dennoch einige Beispiele geben:

Agenturen

Hier steht der Bereich der geistigen Klarheit und der Geschäftskontakte im Vordergrund. Deshalb eignen sich hier dunkles Grün, Schwarz, Dunkelblau und Weiß.

Architekturbüros

Architekten müssen neben dem baulichen Werk, welches zum Element Holz gehört, auch Kreativität und Ideen einbringen. Deshalb sind Schwarz, Blau, Grün und Silber besonders förderlich für den Geist und unterstützend für die Entwurfsplanung.

Arztpraxen

Natürlich ist eine weiße Farbe das Symbol der Reinheit. Dennoch sollte Weiß nicht im Übermaß Verwendung finden. Weiß ist bei den Asiaten die Farbe für die Toten, weil sie in Leinentücher eingebettet den Weg zum Himmel beschreiten. Weiß in europäischen Gefilden ist die Farbe der Unschuld und der Reinheit. Jedoch hat alles sein Maß. Gebrochenes Weiß, gepaart mit Apfelgrün, hellem Rosé, Bleu und vor allem hellem und dunklem Lila, ist für die Praxen ein geeignetes Farbarrangement.

Helles Lila dient der geistigen und **dunkleres Lila** der stofflichen Wandlung. Griffe, Böden und Umrandungen können in dunklem Lila gehalten sein, Türblätter und Wände in hellem Lila. Aber auch hierzu wird im ausgleichenden Yin-Yang-Denken das Lindgrün und Flaschengrün in Form der Accessoires- Auswahl eingebracht. Patienten sollten ein Wohlfühlgefühl vermittelt bekommen und Ruhe im Wartezimmer einkehren. Mit Lila kann zudem auch der gedankliche Wandlungsprozess gefördert werden.

Autowaschanlagen

Weiß und Blau sollten hier neben blitzendem, rostfreien Stahl Verwendung finden.

Arbeitsämter

In hoffnungsvollem hellen Grün und in sonnenfreundlichem Gelb sollten die Wände sein. Der Boden in der Wachstumsfarbe Dunkelgrün vermittelt Festigkeit und das Gefühl, dass sich die Dinge entwickeln werden. Tupfer von Rot können zudem unternehmungsfreundliche Energien frei setzen.

Autohändler

Silbertöne, Schwarz, Dunkelblau und Weiß sind die Hauptfarben für Ausstellungsräume. Neben den dunklen Farben von Blau und Schwarz tritt das Auto in den Vordergrund. Ein gutes Feng Shui entsteht auch, wenn Sie die Autos von rechts nach links im aufsteigenden Farbkreis anordnen. So steht neben dem roten Auto das gelbe, dann das weiße, blaue und dann das grüne.

Buchhandlungen

Bücher haben alle Farben, doch die beste Farbe, die sie zum Vorschein kommen lässt, ist die Farbe des Wassers – Blau. Insbesondere heitere und Reiseliteratur benötigen helles Blau.

Farbübersicht

Apotheke
Weiß, Hellblau, Rosé

Architekturbüro
Blau und Grün

Autowaschanlage
Weiß und Blau

Arztpraxis
Weiß, Blau, Lindgrün, Lila, Rosé

Atelier
Weiß, Dunkelblau, Schwarz oder Grau

Bäckerei
Weiß als Hauptfarbe, Creme, Rot, Gelb, Orange

Banken
Blau, Grün, Weiß, Gelb oder Beige

Baufirma
Schwarz-Weiß-Kontraste, Grün

Bestattungsfirmen
Weiß, Schwarz, Hellblau und punktuell Rot

Buchhandlung
Blau, Grün, Gelb

Buchhaltung
Weiß, Gelb

Computerfirmen
Hellgrün, Lindgrün, Rosé

Damenbekleidung
Pastell-Blau und Grün und kontrastreiche Blau- und Grüntöne

Film/Foto/Fernsehen
Weiß, Schwarz, Hellgrün, Rosé, Hellblau

Gourmetgeschäft
Beige, Weiß, Gelb, Gold- und Silbertöne

Handelshaus
Dunkelgrün, Royalblau

Herrenausstatter
Beige, Gelb, Weiß

Immobilienbüro
Gelb, Weiß, Lindgrün

Juwelier
Royalblau, Rot, Weiß, Gold oder Silber

Kantine
Orange- und Gelbtöne

Kindergärten
Hellblau, Rosé

Krankenhäuser
Lindgrün, Weiß, Hellblau

Kunstgalerie
Blau, Rot, Weiß

Lampengeschäft
Hellblau, Hellgrün, Rosé, Weiß

Lebensmittelgeschäft
Hellgrün, Rosé, Weiß, Gelb

Malergeschäft
Weiß, Schwarz, Grau

Musikladen
einfarbig Blau, Grün, Rot, Weiß oder Grau

Möbelhaus
Blau, Grün mit roten Akzenten

Psychologische Praxis
Weiß, Lila, Akzente aller Fünf-Elemente, Farben: Rot, Weiß, Grün, Blau, Gelb

Supermarkt
Weiß, Hellgelb, Grau, akzentuiert alle Farben

Schriftstellerbüros
Blau, Rot, akzentuiert alle Farben

Schönheitssalon
Schwarz-Weiß-Kontraste, Creme, Gold und Apricot

Schuhgeschäft
Rosé, Rot, Grau, Braun

Schreibwarenladen
Hellblau, Hellgrün, Rosé, Rot

Spielzeugladen
Grün, Rosé, Weiß, Hellgelb, akzentuiert alle Farben

Softwarefirma
Weiß, Schwarz, Beige, Grau

Telekommunikations-Unternehmen
Türkis, Gelb

Verlag
Blau, Grün, Purpur

Videothek
Hellblau, Hellgrün, Rosé, Weiß

Werbeagentur
Himmelblau, Grün, Rot, akzentuiert alle Farben

Weinhandlung
Hellblau, Hellgrün, Rosa

Zeitungsverlag
Grün, Blau, Rosé, Rot

27

Seien Sie Ihr eigener Berater

Der Direktor der Citibank betonte einmal, dass es für ihn wichtig sei, einen Feng Shui-Experten für seine Geschäftsstelle in China zu konsultieren. Der Grund lag auf der Hand: Er wollte sichergehen, dass das Glück auf der Seite des Unternehmens bleiben würde. Andererseits betonte er, dass ihm die dort arbeitenden Chinesen kündigen würden, falls er keinen Feng Shui-Experten zu Rate zöge. Einer der leitenden Angestellten, ein Chinese, meinte, er würde seinem Unternehmen treu bleiben, wenn er wüsste, dass alles getan werde, um Unglück vom Unternehmen abzuwenden und Glück anzuziehen. Dazu ist Feng Shui geradezu ideal und schon über Jahrtausende hin als gutes Mittel bekannt. Nun, die Citibank steht nicht allein mit diesen Ansichten. Ihr folgen die Morgan Bank, McKinsey & Company und andere. Es kam auch nicht von ungefähr, dass der Stararchitekt Norman Forster, der für sich beanspruchen kann, das teuerste Gebäude der Welt entworfen zu haben, ebenfalls in der Planungsphase einen Feng Shui-Experten zu Rate zog.

Bei der Firma McKinsey wurde sichergestellt, dass nicht nur die richtige Etage bezogen wurde, sondern auch der Empfangsbereich gut gestaltet war, und ebenso die Anordnung der einzelnen Büros und Schreibtische.

Nicht anders hielt es der Geschäftsführer einer New Yorker Werbefirma, Herr Doyle, der sein fast 2000 qm großes Büro per Plan-Check zunächst von einem Feng Shui-Experten überprüfen ließ. Seiner Ansicht nach war es ganz klar, dass man Wissen, das mit gesundem Menschenverstand und jahrtausendealten Erfahrungen zu tun hat, nicht einfach ignorieren kann und der Erfolg beweise es ja auch.

Übrigens konnte auch einer Großbäckerei auf der Halbinsel Monterey mit Feng Shui geholfen werden. Das Geschäft lief alles andere als gut und wenig Motivation war seitens der Angestellten zu spüren. Mit Feng Shui-Maßnahmen änderte sich das innerhalb eines Jahres zusehends, und heute ist die Großbäckerei ein führendes Unternehmen auf Monterey.

- **Verfahren Sie mit den Informationen in diesem Kapitel so, wie es auch ein Meister seines Faches tun würde. Schauen Sie sich zunächst im Außenbereich um, um dann nach und nach das Innere zu betrachten.**

Stellen Sie sich vor, dass Ihnen ein Objekt angeboten würde und Sie zu entscheiden hätten, ob das Glück damit wohl auf Ihrer Seite läge. Es empfiehlt sich zunächst, der Grundstücksform Aufmerksamkeit zu schenken.

Das ideale Grundstück ist nach Feng Shui rechteckig oder quadratisch. Die gleichmäßige Form ist Garant für eine Unterstützung des Gebäudes. Anders, wenn das Grundstück einem Hackmesser, Stiefel oder Dreieck gleicht. Diese Formen implizieren Fehlbereiche, das heißt, es fehlen Grundstücksteile zur angestrebten Idealform, die zu Geldmangel, Autoritäts- oder Kundenverlust führen können.

Begünstigen Sie die Form Ihres Firmengeländes, indem Sie an den Ecken, wo die Form nicht vollständig ist, Licht integrieren und Wege so anlegen, dass sie die verschiedenen Grundstückszipfel miteinander verbinden.

Nachfolgend möchte ich Ihnen einige Ideen für die Grundstücksformen mit auf den Weg geben, damit Sie für sich entscheiden können, was für ein Grundstück Sie in Zukunft wählen – oder besser einschätzen können, worauf Sie derzeit Ihr Haus gegründet haben.

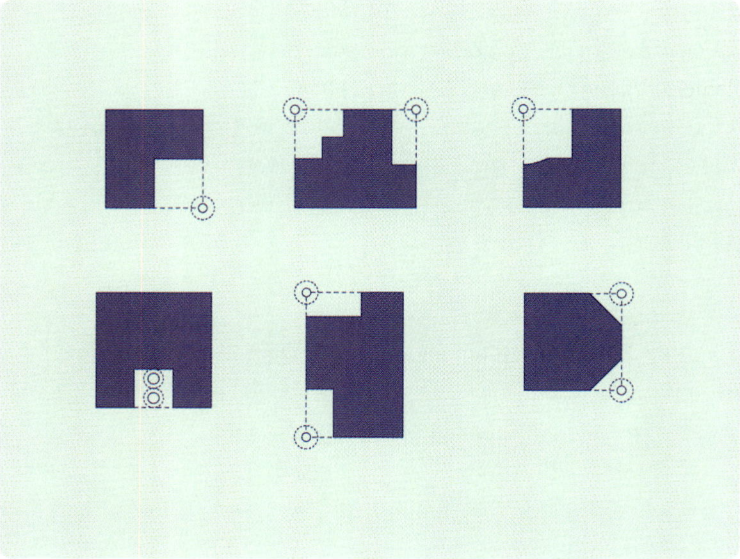

Lichtkorrekturen
für ungünstige Gebäude- und Firmengrundstücksformen,
die Fehlecken aufweisen

28

Grundstücksformen

Das quadratische und rechteckige Grundstück

Das quadratische und rechteckige Grundstück gehören dem Element Erde an und stehen für Stabilität und Dauer.

Das dreieckige Grundstück

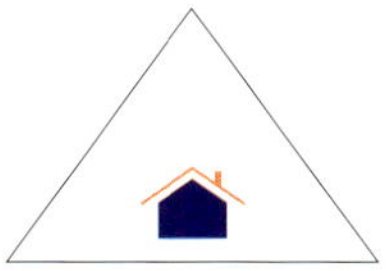

Das dreieckige Grundstück ist nach asiatischer Auffassung sehr ungünstig und wird als mit einem Fluch behaftet angesehen. Es stellt in seiner Form das Feuerelement dar. Gleichen Sie es am besten aus, indem Sie durch Hecken, Mauern, Terrassenflächen und Beleuchtung ein Viereck auf dem Grundstück bilden.

Ich habe in meiner langjährigen Praxis erlebt, dass es in Gebäuden, die auf dreieckigen Grundstücken standen, häufiger geschäftsinterne Streitigkeiten oder Mobbing gab.

Das lange und schmale Grundstück

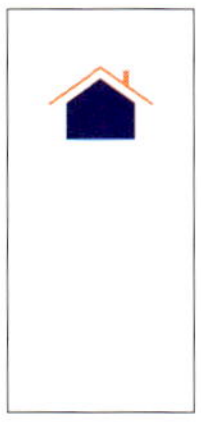

Das lange und schmale Grundstück bringt auch eine Reihe von Problemen mit sich. Es gehört zum Element Holz. Wird dieses Grundstück durch Parzellierung in einzelne Rechtecke aufgeteilt, dann ist die Energieform wieder ausgewogen. Legen Sie auch gewundene Wege an, um einen guten Chi-Fluss zu Ihrem Gebäude zu gewährleisten. Ist das Grundstück so schmal, dass es lediglich über einen Innenhof verfügt, dann können Sie in der Mitte des Hofes ein Labyrinth mit der Öffnung zu Ihrem Gebäude legen lassen. Sie werden feststellen, dass der Anblick angenehm stimulierend und ebenso ausgleichend auf beide Gehirnhälften des Betrachters wirkt und Sie gestärkt an Ihre Arbeit gehen können.

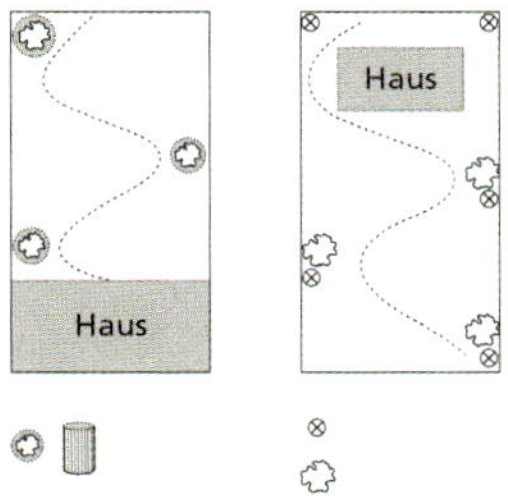

Die L-förmigen Grundstücke

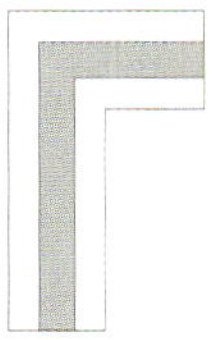

L-förmige Grundstücke sind ungünstig, da sie ein Rechteck darstellen, dem Ecken fehlen. Man bringt sie mit dem fehlenden Einfluss des Geschäftsinhabers in Verbindung, mit frühem Tod und mangelndem Erfolg. Wenn aber eine Ecke in einer unglücklichen Richtung fehlt, so ist ihre Wirkung weniger bedeutsam. In Richtung der fehlenden Ecke setzen Sie am besten eine Laterne, einen Fahnenmast oder legen Sie einen gewundenen Weg an, um Harmonie zu erzeugen.

Das kreisförmige Grundstück

Das kreisförmige Grundstück versinnbildlicht das Element Metall und andererseits den Himmel, sodass es sich am besten für Banken, religiöse Gebäude oder Kindereinrichtungen eignet. Licht auf fehlenden Eckpunkten ist ein gutes Korrektiv.

Fehlende Grundstücksecken können Sie wie folgt korrigieren:

- im Süden mit Licht
- im Norden mit Wasser
- im Osten mit Bäumen und Grünpflanzen
- im Südosten mit Bäumen
- im Südwesten und Nordosten mit Steinen
- im Westen und Nordwesten mit Metallobjekten

29

Der Eingang

Nachdem Sie Ihr Grundstück betrachtet und eingeschätzt haben, sollten Sie Ihre Aufmerksamkeit dem Eingang widmen. Der Eingang ist das A und O jeder Firma. Über ihn werden Aussagen über die Wertigkeit der Firma und ihre Konkurrenzfähigkeit getroffen. Deshalb ist das erste Erscheinungsbild von großer Bedeutung. Lassen Sie mich Ihnen nachfolgend einen Überblick über mögliche Eingangssituationen geben. Entscheiden Sie selbst, inwiefern es besser ist, den Eingang zu verlegen oder die günstigen Energien anzuziehen, während Sie ungünstige Energien blocken.

Der Eingang in Position zur Straße

Sollte eine Straße in direkter Linie auf die Eingangstür zuführen, so könnte die Gesundheit der Belegschaft darunter leiden. Entweder können Sie den Eingang auf die Seite des Gebäudes verlegen oder durch Pflanzungen den Eingang schützen und den Weg entsprechend verlegen.

Sollten Sie eine Mauer zur Straße hin planen, dann gilt, dass sie möglichst begrünt werden sollte und hier und da einen Durchblick in die Ferne gewährleistet, um den Aspekt der Tiefe freizugeben.

Besonders förderliche Lagen des Eingangs

Besonders förderlich ist es, wenn man an einer Fußgängerzone, gegenüber einem Park, an einer s-förmigen oder seitlich einer hufeisenförmigen Straße seine Eingangstür hat. Aber auch an einem Verkehrskreisel zu liegen zieht Glück, Geld und Ansehen an.

Der Eingang in Bezug zur V-förmigen Straße

Laufen zwei Straßen v-förmig auf die Eingangstür zu, so könnte die Krankheitsrate im Unternehmen außergewöhnlich hoch sein und finanzielle Schwierigkeiten entstehen.

Am besten verlegt man den Eingang aus diesem Einflussbereich.

Der Eingang in Bezug auf sich kreuzende Straßen

Liegt der Eingang zwei sich kreuzenden Straßen gegenüber, so sagen die Asiaten, dass es hier zu vermehrten Unfällen kommen könnte. Ein Transportunternehmen wäre davon besonders betroffen.

Auch in diesem Fall sind die oben erwähnten Maßnahmen segensreich.

Der Eingang in Bezug auf sich scheitelnde Straßen

Schaut der Eingang auf den Scheitelpunkt einer Straßenkurve oder gar auf einen Scheitelpunkt einer Hochstraße, dann könnten starke finanzielle Einbußen dem Unternehmen Schaden zuführen.

Die beste Möglichkeit ist, die Außenwand begrünen zu lassen, Reklameschilder an ihr anzubringen und die Fenster mit innenliegenden Jalousetten auszustatten, mit Kristallen und Pflanzen.

Der Eingang in Bezug auf Schnellstraßen

Liegt der Eingang an einer Schnellstraße, so kommt die Firma oft nicht »auf einen grünen Zweig«. Das Geld fließt genauso schnell weg, wie man es erhalten hat.

Das Gebäude wird umringt von Straßen

Ein Gebäude, das keinen Ruhepol hat, weil Straßen es umringen, bringt wenig Glück. Glück und Geldmittel rinnen Ihnen durch die Finger. Am besten legen Sie kleine Springbrunnen um das Gebäude herum an und sorgen für Bäume auf der Rückseite.

Springbrunnen und Pflanzen am Eingang sorgen dafür, dass das Gebäude mit Wachstumsfaktoren der Umgebung »gefüttert« und unterstützt wird.

Ist genügend Platz, dann kann auch ein Zaun oder eine Mauer hinter und seitlich des Gebäudes einen Chi-Sammelplatz, ein Xue schaffen. Vor einem Eiscafé könnte dies ein umzäunter Sitzplatz sein, vor einem Bankgebäude wäre dies möglicherweise ein Platz mit Springbrunnen, Bänken und Begrünung.

Sollten Sie ein weiteres Feng Shui-Mittel benutzen, nämlich das Setzen einer Mauer, so wäre dies insbesondere dann anzuraten, wenn es sich um ein Verwaltungsgebäude handelt. Übrigens werden Mauern begrünt und hin und wieder mit Durchblicken versehen, damit sie lebendig wirken und nicht wie Gefängnismauern.

Der Eingang gegenüber einem Friedhof

Nicht jeder Friedhof ist gleich! Es gibt welche, die so mit Weißdornhecken umgeben sind, dass man nicht mehr die Gräber sieht. Es gibt andere, die keinen Sichtschutz bilden. Jetzt werden Sie sagen, was habe ich damit zu tun? Die Asiaten machen darauf aufmerksam, dass die Trauergemeinde und die anfahrenden Leichenwagen das Hauptproblem darstellen. Wer sich täglich mit dem Tod auseinander setzen muss, dem Yin der Umgebung, wäre im Leben nicht aufmerksam genug.

Der Friedhof ist von der Qualität her Yin und das Gebäude Yang, in dem man lebt und arbeitet. Beide Energien kollidieren miteinander, wie Feuer und Wasser. Yin ist die Ruhe selbst und Yang ist das Leben, die Aktivität. Die beste Möglichkeit, in dieser Situation aus der Not eine Tugend zu machen ist die, dass Sie grundsätzlich den Eingang aus der direkten Linie gegenüber dem Friedhof verlegen. Asiaten hängen einen kleinen konvexen, mit acht

Trigrammen versehenen Spiegel über die Eingangstür, um diese auf der nicht-sichtbaren Ebene zu schützen.

Der Eingang gegenüber von Hauskanten

Wer von seinem Arbeitsplatz aus auf die Kanten der gegenüberliegenden Häuser schaut, kann durch deren aggressive Wirkung streitsüchtig erscheinen, zur spitzen Zunge neigen und öfter kränkeln.

Falls Sie diesen Einfluss auch gegenüber dem Haupteingang haben sollten, so eignet sich eine zwischen Kante und Eingang aufgestellte runde, metallisch glänzende Kugel, wie beispielsweise eine Weltkugel, um den Einfluss abzufedern. Eine Weltkugel hat zudem noch die Wirkung, dass Sie Geschäftserfolge weltweit anziehen würden. Auf elementarer Ebene bedeutet das, dass man dem Feuer-Einfluss der angreifenden Hauskante eine Kugel, das Metall-Element, entgegensetzt.

Dazu eine kleine Anmerkung: Sollte der Blick aus Ihrem Fenster auf eine solche Kante fallen, dann setzen Sie sich seitlich des Einflusses und hängen eine Kristallkugel in das Fenster. Stellen Sie auch Pflanzen in das Fenster oder wählen Sie innenliegende Jalousetten. Die Asiaten würden auch in diesem Fall an der Außenseite Spiegel wählen. Möchten Sie auch zu diesem Mittel greifen, dann wählen Sie einen konkaven, nach innen gewölbten, magischen Spiegel.

Der Eingang gegenüber einem hohen Gebäude

Liegt der Eingang einem hohen Gebäude gegenüber, kann dies das Vorwärtskommen der Firma erschweren. Verlegen Sie möglichst den Eingang auf eine andere Seite. Solange Sie dies nicht sofort tun können, hängen Sie am besten einen konvexen Spiegel über den Eingang.

Der Eingang im Verhältnis zum Gebäude

Auch die Breite der Eingangstür spielt eine Rolle. Ist sie zu breit im Verhältnis zum Haus, so kann man sie mit Pflanzen einengen. Ist sie zu eng, so müssen alle hemmenden Gegenstände aus dem Türbereich eliminiert werden. Natürlich spielen auch die Breite und Höhe der Tür eine Rolle.

Manche Türen sind zu hoch, was einen Kathedralcharakter bewirkt und den Eintretenden sich ganz klein fühlen lässt. Vielleicht kennen Sie das Monument des Bahnhofes in Mailand. Ganz bewusst wurden die Türen so hoch gewählt, damit sich der Mensch ganz klein und unwichtig vorkommt.

Was möchte Ihre Firma bezwecken? Da die Tür mit Yang-Energie, also männlich assoziiert wird, würde eine übermäßig große Tür die männlichen Mitarbeiter nicht nur fördern, sondern im Verhältnis zu den weiblichen Firmenmitgliedern ein Ungleichgewicht hervorrufen. Sollten Sie spüren, dass die Frauen der Firma sich wenig motiviert fühlen und darüber hinaus das Gefühl der Unterdrückung durch ihre männlichen Mitarbeiter haben, dann sollten Sie die Größe der Tür korrigieren.

Manche Türen sind zu niedrig und zu große Leute müssen sich bücken, um durch sie hindurch zu kommen. Das Gefühl, sich beugen und erniedrigen zu müssen, entsteht beim Eintretenden.

Achten Sie darauf, dass gegenüber der Eingangstür nicht eine Hintertür, ein großer Spiegel oder die Tür zu Toiletten und Abstellräumen zu sehen ist.

Alle diese Eingangssituationen verheißen wenig Glück und Sie sollten Sie unbedingt ausgleichen. An die Toiletten- und Abstelltüren könnten Sie jeweils einen etwa fünfzehn Zentimeter großen Achteckspiegel mittig in der Tür anbringen. Einen großen Spiegel gegenüber der Eingangstür könnten Sie schlichtweg woanders hinhängen, damit sich der Eintretende nicht am Eingang selbst gegenüber steht.

Kennen Sie das unangenehme Gefühl, wenn Sie beim Bäcker oder Metzger anstehen und die Tür zu den Nebenräumen offen steht und Ihre gesamte Aufmerksamkeit dorthin gelenkt wird? Wie empfinden Sie das? Anders war es, als ich letztens in ein neues Reisebüro ging. Hier wurde ich optisch von der Eingangstür direkt zur Hinterausgangstür gelenkt, die zum Parkplatz führte. Komisch, was wollte ich denn nur hier? In einem Supermarkt schaute ich von der Fleischtheke geradewegs in den Fleischvorbereitungsraum, und was sah ich da? Eingeweideschüsseln und blanke Messer.

Die Richtung der Eingangstür

Die Eingangstür sollte sich nach innen öffnen, um das wohltätige Chi in das Gebäude einströmen zu lassen.

Sollte sich die Tür zu einer Wand hin öffnen, so wird jedes Mal der Eintretende wie vor den Kopf gestoßen und könnte sich sehr unbehaglich fühlen. Der einfließende Chi-Strom würde gleichermaßen behindert. Es könnte das Gefühl entstehen, buchstäblich jedes Mal gegen Wände zu rennen, und die Chancen, im Leben vorwärtszukommen, könnten geschmälert werden.

Gehen Türen gegeneinander auf, also die eine nach innen und die nächste Tür gegen diese nach außen, so ist dies ein typisches Indiz für Streit im Unternehmen. Wenn Sie dies nicht sofort nachvollziehen können, so möchte ich Sie bitten, es einfach zu beobachten. Wie fühlen Sie sich selbst in diesen Situationen, und wie geht es Unternehmen, die diese Eingangssituation haben?

Allgemeine Ansichten über Türen

Wie muss eine Tür gestaltet sein, damit sie in dieser schnelllebigen Welt leicht erkennbar ist? Wie nimmt man Notiz von ihr? Feng Shui macht darauf aufmerksam, was man über Türen wissen sollte, um gut gehende Geschäfte zu haben:

Achten Sie darauf, dass die Treppe nicht in gerader Linie zur Tür weist. Die Asiaten sehen diese Situation als Hinweis darauf, dass das Unternehmen Gewinne nicht halten kann.

Am besten liegt die Eingangstür auf der rechten Seite oder mittig der Gebäudefront (von außen betrachtet).

Das Geschäft sollte sich möglichst auf eine Eingangstür beschränken. So ist der Kunde nicht verwirrt und geht zielgerichtet zur richtigen Tür.

Die Tür sollte nicht auf einen Lift, eine Treppe, eine Ecke, eine nach unten gehende Treppe, einen Spiegel, eine zweite Tür oder Toilette zugehen.

Im Restaurant darf sie niemals auf die Küchentür weisen.

Alle Spitzen und Kanten, die so genannte geheime Pfeile aussenden, sollten Sie am Eingang schnellstens eliminieren. Das könnten die Kanten von Stützpfeilern sein oder von Kunstwerken, Statuen und von Pflanzen mit spitzen Blättern. Manchmal sind dies auch moderne dreieckige Garderobenständer oder ungünstige Aufsteller im Inneren, die schneidend auf die Tür weisen. Schauen Sie sich einmal in aller Ruhe die einzelnen Gegenstände an. Entfernen Sie lieber mehr als weniger.

Sie sollte mindestens genauso groß sein wie eine ihr gegenüberliegende Tür, auch wenn sich diese auf der gegenüberliegenden Straßenseite befindet. Ist das nicht der Fall, dann sollte man sie optisch durch Pflanzen neben der Tür, Farbe, Licht oder Reklameschilder vergrößern.

Um dem Eingangsbereich Chi und damit auch angenehme Aufmerksamkeitsfaktoren zukommen zu lassen, ist Wasser unerlässlich.

Verstellen Sie nie eine Tür!
Verstellte Türen bedeuten verstellte Wege im Leben!

Sorgen Sie dafür, dass die direkte Linie zur Tür nicht durch einen Baum, Pfahl oder eine Laterne behindert wird.

Fußmatten sollten Sie grundsätzlich nicht mit Ihrem Logo oder Namen versehen. Im übertragenen Sinne würden die Eintretenden den Namen mit Füßen treten.

Wenn die Türen quietschen sollten, so ölen Sie diese. Quietschende Türen können zu Zwistigkeiten innerhalb des Unternehmens führen.

Gehen die Türen zu schwer auf, wie es beispielsweise in einigen Hotels der Fall ist, dann kommt der Kunde, oder hier der zukünftige Hotelgast, auch schwer in das Gebäude hinein. Feng Shui sieht das so: Der Mensch geht am liebsten den einfachsten Weg und meidet den Widerstand.

Am besten liegt die Tür mittig der Eingangsfront oder auf der so genannten Drachenseite, rechts der Mitte, von außen betrachtet.

Vermeiden Sie es, die Aufmerksamkeit eines Eintretenden in direkter Linie auf einen Lift, eine Wand oder nach unten führende Treppe zu lenken.

Erfolgreiche Farbgebungen für den Eingang

Türen sind die Schleusen von wohltätigem und kundenanziehendem Chi. Deshalb müssen sie frei von jeglicher Blockade sein und die oben beschriebenen Punkte erfüllen. Freundlich, hell, übersichtlich und magnetisch.

Die Farbe der Tür richtet sich zum einen nach der Himmelsrichtung, zum anderen nach der Art des Geschäftes.

Tür, die nach
Norden hinweist .... **Blau/Schwarz**

Tür, die nach
Süden zeigt .... **Rot**

Tür, die nach
Westen deutet .... **Weiß**

Tür, die nach
Südwesten weist ...... **Braun/Creme**

Tür, die nach
Nordwesten zeigt ...... **Weiß**

Tür, die nach
Osten weist .... **Hellgrün**

Tür, die nach
Südosten deutet ...... **Dunkelgrün**

Tür, die nach
Nordosten hinweist .... **Braun/Creme**

Norden

Die Tür in der Himmelsrichtung Norden eröffnet den »Weg des Menschen«, um seine Lebensenergie und seine Karriere dem »Fluss des Lebens« anzupassen. Das beste Elixier, um sich in die Energie der nördlichen Himmelsrichtung einzuklinken, ist die Farbe Blau, ob als Blickfang oder Wasserobjekt. Auf der Formenebene sind gewundene Wege und fließende Formen adäquat.

Nordosten

Die Tür im Nordosten fängt die ersten Morgenstrahlen der Sonne ein. Frühaufsteher werden ihre Freude haben, morgens durch diese Tür zu gehen. Das Licht verstärkt den Wissensdrang. Forschung und Wissenschaft werden davon profitieren. Monumentales, wie etwa Skulpturen bedeutender Wissenschaftler aus Kunst und Kultur, schwere Steinbänke und senkrecht stehende Steine würden den

Nordosteingang in seiner Bedeutung betonen und seine Gewichtigkeit unterstreichen.

Osten

Befindet sich Ihre Tür im Osten, so tritt die Morgensonne mit ihrem ultravioletten Strahlenanteil ein. Das Morgenlicht gibt den richtigen Schwung, um an das Tageswerk zu gehen, und Sie sollten mit Pflanzen, Frühlingsfarben und Frische diese erneuernde Energie noch zusätzlich verstärken.

Südosten

Die Tür im Südosten repräsentiert Reichtum und Fülle, denn das eintretende Licht ist frisch, üppig und warm. Die späte Vormittagssonne bringt ein Gefühl von Energie und Wachstum mit sich. Verstärken Sie diese wohlwollenden Faktoren durch prächtig gedeihende Pflanzen, grüne Schilder oder Empfangstresen.

Süden

Liegt Ihre Eingangstür in der Himmelsrichtung Süden, so führt dieser sonnige Eingang das Unternehmen leichter zu Ruhm und Ehre, vorausgesetzt, die Tür reflektiert den Charakter von Sonne, Wärme, Sommer und Freude.

Südwesten

Die Eingangstür im Südwesten fängt die warme Nachmittagssonne ein. Das Gefühl der Ruhe und der Wunsch, das zu ernten, was man verdient hat, stehen hier im Vordergrund. Der Tag hat seinen Horizont überschritten, so wie die Sonne auch. Im übertragenen Sinne kann man sich ruhig zurücklehnen und mit abnehmender Stärke des Sonnenlichtes eine Ruhepause vom Vormittag einlegen.

Wenn Sie am Eingang die Südwestenergie unterstützen und betrieblich mehr »ernten« möchten, dann empfehle ich Ihnen je nach Firmenbranche Marmor, Granit, Natursteine oder weibliche Statuen nahe der Tür zu platzieren.

Westen

Liegt Ihre Eingangstür im Westen, so werden neue Projekte gefördert. Das Licht des Westens baut insbesondere die jungen Frauen auf und sie werden sehr kreativ arbeiten können. Was nicht heißen soll, dass Männer nicht auch das Westlicht als positiv empfinden und entsprechend günstig darauf reagieren. Platzieren Sie hier alles, was metallisch und rund ist, sowie Innovation ausdrückt. So werden zukünftige Vorhaben unterstützt.

Nordwesten

Befindet sich die Eingangstür im Nordwesten, so kommen erst spät am Tag die Sonnenstrahlen dorthin und der Eingang wird sehr viel Ruhe vermitteln und Zurückgezogenheit. Die Autorität der Geschäftsleitung und die Geschäftsbeziehungen werden gefördert. Wenn Sie zusätzlich diese Wirkung verstärken wollen, so sollten Sie Bronzefiguren, ehrwürdige Skulpturen und glänzende Objekte im Eingangsbereich platzieren. Auch Bilder von Firmengründern können nahe der Eingangstür neue Geschäftsbeziehungen begünstigen.

Wie empfangen Sie?

Wie empfangen Sie Kunden, Geschäftspartner oder Klienten?

Am Eingang zeigt sich das Wesen der Firma. So wie die ersten Wahrnehmungen sind, wird auf das Unternehmen geschlossen und dieses im Vorfeld eingeschätzt.

Ein Schild am Eingang: »Wir begrüßen heute Herrn xy...« kann Wunder bewirken. Blumen, eine angenehm tönende Klingel und ein ansprechendes Namensschild sind neben einladendem Licht und guten Düften essenziell.

Ansprechende Achteckformen, die architektonisch gesehen die Arme öffnen, können ein sehr angenehmes Feng Shui erzeugen.

Wo fällt der erste Blick hin? Wie wird er platziert? Ein warmer Platz (im Sommer ein kühles Plätzchen) mit schöner Aussicht, ein Tässchen Tee oder frisch gepresster Gemüse-/Obstsaft verwöhnen jeden Geschäftskunden.

Angenehme Klänge der Natur, wie Vogelgezwitscher vom Band oder wie Wasserplätschern von einem Springbrunnen, geben selbst im »harten« Business ein Gefühl des Willkommenseins und der Geborgenheit.

30

Das Büro unter der Lupe

Beginnen Sie beim Klang der Adresse. In einer *Goldgasse* oder *Goethestraße* seinen Geschäften nachzugehen ist grundsätzlich sehr günstig. Denn Namen sind ja nicht Schall noch Rauch, sondern wirken umso mehr, je öfter man sie wiederholt. Natürlich gilt dies auch für Ortsnamen. Führende Firmen verweisen beispielsweise auf die Namen von Hauptstädten, da diese sehr viel Power repräsentieren.

Haben Sie erst einmal den Klang des Straßennamens und die Bedeutung und den »Beigeschmack« von Ortsnamen betrachtet, dann sollten Sie Ihr Augenmerk auf die Hausnummer legen. Chinesen vermeiden die Vier, da sie eine Yin-Zahl ist, teilbar und damit nicht »stark«. Zudem klingt sie, wie schon erwähnt, im Chinesischen wie das Wort »Tod«, und selbst im europäischen Sinn ist die Vier mit harter Arbeit verbunden. Meiden sie auch ein Vielfaches von ihr wie vierundvierzig, beziehungsweise vierhundertvierundvierzig.

Die Lage

Nach diesem Adressen-Check-up ist es wichtig, sich die Gesamtlage im Verhältnis zu den umliegenden Gebäuden, zu Wasser und Straßen anzusehen. Das Wasser sollte sich auf der Vorderseite des Gebäudes befinden. Ist dies umgekehrt, so könnte das, was Sie aufgebaut haben, leicht wieder zurückgeworfen werden.

Man spricht im Feng-Shui-Sinn davon, dass ein guter Rückenschutz für das Gebäude ein Garant dafür ist, dass die geschäftlichen Aktivitäten gedeihen. Dieser Schutz kann durch einen Berg, ein höheres Gebäude oder einen Wald gebildet werden.

Ein Bürokomplex kann sehr gut in zweiter Reihe oder ganz und gar außerhalb der City liegen. Achten Sie aber darauf, dass sich der Baukörper harmonisch in die Landschaft einfügt und sich farblich der Umgebung anpasst. Ein rotes und ein gelbes Haus passen zueinander oder ein weißes und ein blaues usw. Sehen Sie im Kreislauf der Farben, welche zueinander passen. Ein rotes und ein blaues Gebäude nebeneinander sprechen die Sprache der Disharmonie.

Polizeistationen, Krankenhäuser oder Feuerwehr gegenüber dem Arbeitsfeld erzeugen unterschwellig Angst und Fluchtreaktion.

Abhilfe: Schöne Dinge im Raum können die Aufmerksamkeit so lenken, dass diese im Raum verbleibt. Hängen Sie möglicherweise Kristalle ins Fenster, die diese Sha-Chi-Situation zerstreuen, und stellen Sie nach Möglichkeit Pflanzen ins Fenster. Wer sich eines durchscheinenden Wandbehanges bedient, kann ebenso die Situation so regulieren, dass wohltätiges und glückbringendes Chi im Raum verweilt.

Ungleichschenklige Fensterkreuze schwächen die Arbeitsenergie.

Abhilfe: Hängen Sie einen Kranz ins Fensterkreuz, einen Kristall, stellen Sie Pflanzen davor oder hängen Sie mit Rollos das Fensterkreuz zu.

Wenn Sie ebenerdig mit dem Blick auf eine auf Sie zulaufende Straße sitzen sollten, dann werden die ankommenden Autos Ihr Energiesystem erschüttern. Rücken Sie so weit als möglich in den Raum zurück, um mehr Sicherheit zu erlangen, und verlegen Sie Ihren Arbeitsplatz so, dass Sie seitlich von sich die Straße haben. Das ist weniger aggressiv und Sie können besser arbeiten.

Gerade auf Sie zulaufende Straßen und Lichter von Fahrzeugen, die Sie blenden, werden als »Angriffe« auf die eigene Person empfunden, sie schwächen die Lebenskräfte, machen nervös und versetzen den Körper in Abwehrhaltung.

Abhilfe: Setzen Sie sich so, dass Sie im Raum den »Angriff« seitlich an sich vorbei leiten, und sorgen Sie für ein Möbelstück zwischen Ihnen und der Situation, wenn Sie nicht ganz und gar den Raum wechseln können. Häufig trifft man diese Konstellation in modernen Glasbautenbüros an.

Gut wachsende Bäume in der Nähe, ein satter Rasen und gedeihende Geschäfte in der Umgebung sind eine hervorragende Vorbedingung dafür, dass Ihr Business gedeiht. Man wird es leicht haben, reich und angesehen zu werden.

Wespennester am Fenster selbst oder an der Hauswand geben Hinweise auf Erdstörzonen. Sensible elektronische Geräte fallen an diesen Plätzen oft aus und Gesundheitsprobleme können entstehen. Meiden Sie diese Arbeitsplätze!

Untersuchen Sie als Nächstes den Weg zu Ihrem Büro und den Eingang selbst. Ein gewundener Weg zum Gebäude, eine gute Beleuchtung und ein Eingang, der leicht zu finden ist, breit und mit Pflanzen und Licht unterstützt, wird Ihnen für Ihr Unternehmen sehr hilfreich sein.

Das Firmenschild

Ist das Firmenschild gut sichtbar bei Tag und Nacht, dann steht es mit dem Feng Shui der Firma sehr günstig,

und das Unternehmen wird gedeihen. Licht ist ohnehin ein Faktor, der Chi, Energie, ruft und der Firma hilft zu gedeihen.

Der Eingang

Überprüfen Sie, ob der Eingang frei zirkulierendes Chi einlassen kann, das nicht etwa durch äußere Strukturen blockiert wird wie Fahrradständer, zu eng aufgestellte Pflanztöpfe oder gegenüberliegende aggressive Strukturen. Beachten Sie diesbezüglich auch die Straßensituation.

Eine Straße, die direkt auf den Eingang zuführt, lenken Sie am besten durch mäandernde Zuwegformen ab. So erreichen Sie ein angenehmes Durchfluten des Firmengebäudes mit unternehmensfördernden Energien. Liegt der Eingang an einer stark befahrenen Straße, so wird das Chi aggressiver Natur sein. Je stärker der Verkehr ist und je breiter die Straße, desto aggressivere Energieformen könnten zu Turbulenzen im Inneren des Gebäudes führen und die Konzentration der dort Arbeitenden stören.

Wer Turbulenzen dieser Art vermeiden möchte, stellt Pflanzen oder Skulpturen vor der Eingangstür auf.

Die rechte Seite des Eingangs, die Yangseite, wird als Drachenseite bezeichnet. Sie sollte prächtig aussehen, denn sie unterstützt den guten Geschäftsverlauf. Auf der Yangseite können Wasser, hohe Pflanzen und Licht die Geschäfte aktivieren.

Auf der linken Seite des Eingangs verkörpern niedrigere Pflanzen ein gutes Feng Shui und den Tiger-Aspekt.

Einladende Eingangssignale

Einladende Eingangssignale sind weiche Interieur-Formen, die sich dem Eintretenden öffnen. Licht, Wasser und angenehme Düfte wie auch freundliche Menschen am Empfang bilden ein gutes Feng Shui, das nicht nur Firmenbesuchern, sondern auch den Firmenangestellten zugute kommt.

Abweisende Eingangssignale

Wer in einer Firma tätig ist, die Verfallserscheinungen schon am Eingang aufweist, oder wo aggressive Gebäudespitzen auf den Eintretenden weisen, wird wenig Glück in dieser Firma haben. Sollte die Eingangstür gar von einem Überbau erdrückt werden, so wird in dieser Firma auch viel Druck auf die Angestellten ausgeübt werden können.

Wohlstandsmaße

Widmen Sie sich im nächsten Schritt dem lichten Maß der Tür, das für Erfolg und Wohlstand stehen sollte.

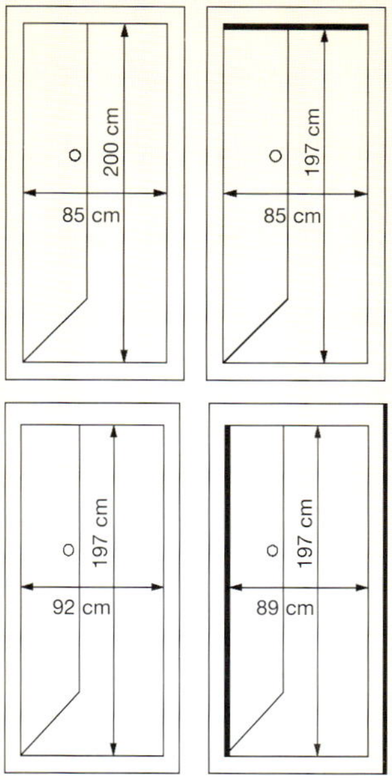

Messen Sie das lichte Türmaß

So messen Sie richtig

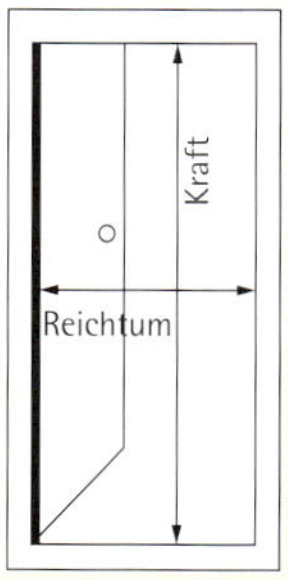

Kraftvoller Reichtum (89 x 197 cm)

Wer neu baut, sollte auch den Fenstermaßen seine Aufmerksamkeit widmen. Auch sie könnten ein günstiges Feng Shui-Maß erhalten. Sehen Sie nachfolgend, wie Sie Ihre Fenster messen.

Wer nicht baut, hat die Möglichkeit, den Fensterkreuzen Beachtung zu schenken. Ungleichschenklige Kreuze schwächen die Lebensenergie. Hängen Sie, wie gesagt, einen Kranz oder großen Kristall vor das Kreuz. So können Sie den energetischen Aspekt in Ihren Räumen stärken.

Der Türanschlag

Neben den Feng Shui-Maßen sind die Türanschläge interessant. Denn über die Türöffnungen wird Chi gelenkt und verteilt. Wo ist in Ihrem Fall der Türgriff an der Haupteingangstür, links oder rechts?

Ist die Tür beispielsweise links angeschlagen, dann bewegt sich das Chi nach rechts und umgekehrt. Wohin auch immer in Ihrem Fall der Blick bedingt durch den Türanschlag gelenkt wird und damit das Chi, sollten Sie auf schöne Dinge, Anordnungen und Farben achten. Dies gilt insbesondere, wenn der Tür eine Wand gegenüberliegen sollte. Schöne Bilder, Blumen oder Wasser sind geeignete Feng-Shui-Accessoires.

Als Nächstes sollten Sie Ihre Aufmerksamkeit den Büroräumen zuwenden. Wohin öffnen sich hier die Türen?

Bereich	von cm		bis cm	Bereich	von cm		bis cm
Reichtum	0,00 cm	-	5,37 cm	Reichtum	128,89 cm	-	134,25 cm
Krankheit	5,38 cm	-	10,74 cm	Krankheit	134,26 cm	-	139,62 cm
Trennung	10,75 cm	-	16,11 cm	Trennung	139,63 cm	-	144,99 cm
gutes Gelingen	16,12 cm	-	21,48 cm	gutes Gelingen	145,00 cm	-	150,36 cm
Kraft	21,49 cm	-	26,85 cm	Kraft	150,37 cm	-	155,73 cm
Verlust	26,86 cm	-	32,22 cm	Verlust	155,74 cm	-	161,10 cm
Verletzung	32,23 cm	-	37,59 cm	Verletzung	161,11 cm	-	166,47 cm
Kapital	37,60 cm	-	42,96 cm	Kapital	166,48 cm	-	171,84 cm
Reichtum	42,97 cm	-	48,33 cm	Reichtum	171,85 cm	-	177,21 cm
Krankheit	48,34 cm	-	53,70 cm	Krankheit	177,22 cm	-	182,58 cm
Trennung	53,71 cm	-	59,07 cm	Trennung	182,59 cm	-	187,95 cm
gutes Gelingen	59,08 cm	-	64,44 cm	gutes Gelingen	187,96 cm	-	193,32 cm
Kraft	64,45 cm	-	69,81 cm	Kraft	193,33 cm	-	298,69 cm
Verlust	69,82 cm	-	75,18 cm	Verlust	198,70 cm	-	204,06 cm
Verletzung	75,19 cm	-	80,55 cm	Verletzung	204,07 cm	-	209,43 cm
Kapital	80,56 cm	-	85,92 cm	Kapital	209,44 cm	-	214,80 cm
Reichtum	85,93cm	-	91,29 cm	Reichtum	214,81 cm	-	220,17 cm
Krankheit	91,30 cm	-	96,66 cm	Krankheit	220,18 cm	-	225,54 cm
Trennung	96,67 cm	-	102,03 cm	Trennung	225,55 cm	-	230,91 cm
gutes Gelingen	102,04 cm	-	107,40 cm	gutes Gelingen	230,92 cm	-	236,28 cm
Kraft	107,41 cm	-	112,77 cm	Kraft	236,29 cm	-	241,65 cm
Verlust	112,78 cm	-	118,14 cm	Verlust	241,66 cm	-	247,02 cm
Verletzung	118,15 cm	-	123,51 cm	Verletzung	247,03 cm	-	252,39 cm
Kapital	123,52 cm	-	128,88 cm	Kapital	252,40 cm	-	257,76 cm

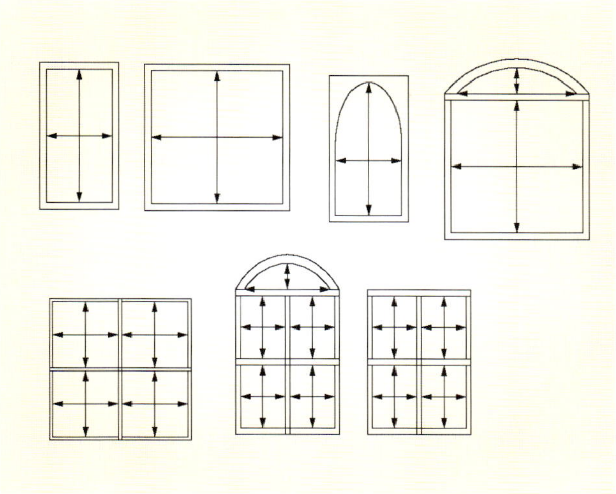

Wer sozusagen hinter der Tür sitzt, hat es schwer, Karriere zu machen und die Abläufe nicht wirklich im Griff. In diesem Fall hilft es, den Türanschlag zu verändern oder aber die Sitzposition im Raum.

Der Empfang

Wenn es einen Empfang gibt, so sollte er *willkommen heißend* sein. Am besten befindet er sich nicht in direkter Linie dem Eingang gegenüber. Leicht versetzt aus der geraden Linie, ist das Chi der Tür weniger aggressiv. Dadurch bedingt, sind die Empfangsdamen und -herren bei besserer Laune und Gesundheit! Der Eintretende fühlt sich wohler, wenn er nicht auf zwei oder mehr Augenpaare in gerader Linie zulaufen muss.

Wer Empfang und Arbeitsplatz koppelt, sollte darauf achten, dass jeweils eine Person für den entsprechenden Bereich Ansprechpartner ist, damit der Besucher nicht unnötig warten muss.

Der Wartebereich

Der nächste Schritt ist neben dem Empfang der mögliche Wartebereich. Sollten Sie einen solchen in Ihrer Firma haben, so sollte er ein *Xue* bilden, einen geschützten Bereich. Das heißt, dass sich Idealerweise rechts vom Eingang eine Warteinsel befindet, die dem Wartenden einen Blick zur Tür und einen guten Rückenschutz bietet, damit sich der Gast besonders umsorgt und berücksichtigt fühlt.

Blumen und Springbrunnen sind dem wartenden Gast Signale des Willkommenseins. Sind die Stühle oder Sessel bequem gepolstert, farblich zur Branche und Himmelsrichtung abgestimmt, so werden die Wohlfühlgefühle noch gesteigert. Wenn Sie das Wohlfühlgefühl noch steigern wollen, so können Sie auch Bilder der Natur wählen. Vermeiden Sie aus Feng Shui-Sicht auf alle Fälle Plastikstühle oder wacklige Sitztrophäen. Am besten sorgt man für seine Kunden, wenn sie in weichen, gepolsterten Sitzsesseln Platz nehmen können. Je angenehmer der erste Eindruck, umso günstiger ist dies für den Ruf der Firma!

Es empfiehlt sich auch, Tee, Wasser, Kaffee, Tageszeitungen, Zeitschriften oder kleine Bücher mit Weisheitssprüchen und Bildern für die Wartenden parat zu halten. Dies ist ebenso einladend wie willkommen heißend. Am besten sind natürlich branchenbezogene Informationen und auch Darstellungen des Unternehmens und seiner Philosophie. Künstler- oder Natur- und Wasserbilder an den

Wänden sollten dem Gast den Stress nehmen und ihn beruhigen. Stellen Sie beispielsweise eine Schale mit Handschmeichlern auf. Das sind kleine, runde und glatte Fluss- oder Halbedelsteine, die gut in der Hand liegen. Es kann aber auch ein Handroller parat stehen, der den Wartenden die Zeit leichter verstreichen lässt. Wenn Sie mögen und es zu Ihrem Business passt, können Sie auch Therapiekitt in verschiedenen Farben in eine Schale legen, der wie Knete zu formen ist, aber die Hände nicht beschmutzt. So greift der eine oder andere statt zur Zigarette möglicherweise zunächst in die Schale...

Wer ankommt, kommt aus einer Yang-Haltung in eine Warte- oder Yin-Situation. Er muss sozusagen zunächst einmal herunterschalten. Am besten gelingt dies, indem er kleine Bewegungsangebote wahrnimmt und so langsam um- und abschalten kann, um sich auf seinen Termin oder eine Aufgabe zu konzentrieren.

Niedrige Deckenhöhe

Sind die Decken zu niedrig, so erzeugen sie Yin. Yin ist eine Energieform, die Ruhe ausstrahlt und nicht gerade dazu geeignet ist, eine Atmosphäre zu schaffen, um große Projekte anzugehen. In einer Yin-Atmosphäre kann man sich sehr gut entspannen und Routinearbeiten verrichten. Wer mehr Energie erzeugen möchte, könnte die Decken lasieren. Sie erhalten so mehr Yang-Chi, das durch Deckenstrahler noch verstärkt werden kann. In einer so geschaffenen Yang-Atmosphäre, die ihrerseits zu Aktivitäten anregt und den Kopf frei macht, können Sie kreativ arbeiten.

Die Treppe

Wessen Treppe in direkter Linie auf eine Ausgangs- oder Eingangstür zuläuft, sollte achtsam sein. Die Chinesen sagen, dass das Geld dann auch schneller aus dem Gebäude entweichen würde. Wer dem vorbeugen möchte, sollte zwischen der letzten Stufe und dem Eingang ein Klangspiel aufhängen oder eine große Kristallkugel.

Am besten vermeiden Sie von Anfang an, Wendeltreppen in das Gebäude zu integrieren. Sie wirken wie Korkenzieher, bilden Löcher in der Decke und gelten als gefährlich. In der Tat, sie wirken verunsichernd auf den Benutzer. Wer schon einmal etwas auf einer Wendeltreppe nach oben transportieren musste, respektive nach unten, weiß, wie beschwerlich das ist.

Der Energiespotpunkt

Haben Sie schon einmal etwas von einem Energiespotpunkt gehört? Dieser befindet sich in der diagonalen Linie von der Tür zur gegenüberliegenden Raumecke. Öffnen Sie die Tür und schauen Sie, wohin Ihre Aufmerksamkeit zuerst fällt. Was Sie dort wahrnehmen, sollte aufbauenden und einladenden Charakter haben. Das kann eine Pflanze sein, ein Wasserobjekt oder möglicherweise ein Büroschreibtisch.

Vom Energiespotpunkt, auf den Ihre Aufmerksamkeit beim Eintreten fällt, wird der Raum belebt.

Fällt die Aufmerksamkeit aufgrund der Nähe zu einer Wand zunächst in die Blickgerade, dann sollte dort ein schönes Bild oder eine Wandmalerei Weite vermitteln. Achten Sie darauf, wenn Sie der Tür gegenüber hängende Bilder haben, dass diese von der Mitte des Türrahmens aus gesehen auch mittig an der Wand hängen, um die Sinne des Eintretenden nicht zu verwirren. Achten Sie diesbezüglich auch auf den Bildinhalt. Eine Brücke sollte beispielsweise den Blick zu den Haupträumlichkeiten hinlenken.

Die diagonale Anordnung der Türen leitet das Chi jeweils zu einer Wandecke hin, dem so genannten Energiespotpunkt.

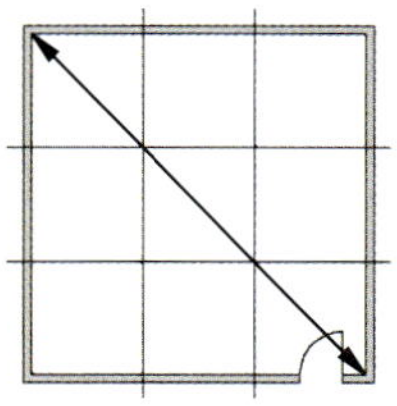

31

Das Raumoptimum schaffen

Zwei Drittel des Lebens verbringt der Mensch in geschlossenen Räumen. Schaffen Sie deshalb eine natürliche Umgebung mit Wasser und Pflanzen.

Vermeiden Sie Glastische. Die Arbeitsmaterialien würden ansonsten quasi auf den Oberschenkeln lasten und Knieprobleme könnten daraus resultieren. Besser sind stabile Tische, keinesfalls dürfen Sie wackeln. Ich habe einmal einen Unternehmer beraten, der an einem schiefen Tisch arbeitete. Die Teetasse war zu voll geraten und der Tee schwappte durch die Schräglage auf den Tisch. Der Unternehmer hatte im Übrigen den Tisch selbst gebaut und war mächtig stolz darauf. Es war sein erstes handwerkliches Stück gewesen. Allerdings, er war Modellbauer! Bei ihm lief alles schief! Warum nur, frage ich Sie? Sehen Sie nicht Parallelen?

Büros können wie Zwangsjacken sein, die Kommunikation und Kreativität ersticken. Damit dies nicht so ist, setzt Feng Shui ganz bewusst Farben, Formen und Materialien ein, um damit die Raumenergie zu erhöhen. Das Besondere ist, dass der Mensch mit seinem Geburtsdatum in die Interieurplanung mit einbezogen wird. Ziel jedweder Bemühungen ist die Schaffung eines optimalen Arbeitsklimas. Winston Churchill sagte einmal: »Wir gestalten unsere Räume, hinterher gestalten sie uns« – ohne Frage hatte er Recht. Die Lage, die Form und die Ausrichtung zum natürlichen Tageslicht schaffen Gefühle im Raum, die auf der unterbewussten Ebene wirken. Der Arbeitsplatz ist ein Teil von uns, verbringen wir doch hier geradezu ein Drittel unseres Lebens. Liegt es da nicht nahe, ihn so optimal wie möglich zu gestalten und Wind und Wasser ins richtige Verhältnis zueinander zu setzen? Wer meint, dass Stress allein von seinen Kollegen oder Mitarbeitern hervorgerufen wird, könnte irren. Denn Stress im Büro kann auch durch scharfe Ecken und Kanten hervorgerufen werden. Wer Stress hat, schiebt allzu gern die Ursache auf andere. Schuld an diesen Gefühlen könnte aber auch die gesunkene Energie in den Räumen sein, die sich so oder anders bemerkbar machen kann und nicht selten über Erfolg oder Misserfolg entscheidet.

Feng Shui setzt das Interieur zum Menschen ins richtige Verhältnis, um ein optimales Arbeitsklima zu schaffen. Im Grunde genommen kann man sagen, dass der Architekt oder wir selbst die Räume gestalten, aber hinterher gestalten sie tatsächlich uns.

Sind Sie in der obersten Chefetage des Managements zu Hause? Oder wollen Sie vielleicht dorthin gelangen? Ihr Durchhaltevermögen und strategisches Denken sind bemerkenswert? Ihre Eloquenz, Ihr Fachwissen und Ihr Führungstalent tadellos? – Vielleicht haben Sie schon bemerkt, dass trotzdem nicht alles so reibungslos funktioniert, wie Sie es sich wünschen. Das kann an den Prinzipien von Yin und Yang, am Fluss des Chi durch Ihre Räume und an den nicht ausgewogenen fünf Elementen liegen. Denn beziehen Sie diese mit in Ihr Leben ein, dann fühlen Sie sich unterstützt und bereit für den Riesenschritt auf der Karriereleiter. Lassen Sie mich Ihnen nachfolgend die nötigen Informationen geben, damit Sie sich auch in dieser Hinsicht ein gutes Feng Shui verschaffen können und für Ihre geschäftlichen Belange auf der Gewinnerseite stehen.

Raumfluss

Energie möchte ungehindert fließen und Sie unablässig nähren. Deshalb überprüfen Sie, ob Sie überall ungehindert vorbeilaufen können. Oder immer wieder an einer bestimmten Stelle hängenbleiben, wenn Sie nicht Ausweichbewegungen vollbringen. Meist hilft es schon, einige Möbel umzustellen und Pflanzen vor hinderliche Ecken und Kanten zu stellen, um nicht mehr anzuecken oder eben hängenzubleiben.

Achten Sie darauf, dass sich Türen und Fenster nicht in einer Linie gegenüber stehen. Sollte dies dennoch sein, so können Sie den Weg des Chis durch den Raum abbremsen, indem Sie Pflanzen, Werbetafeln oder Windspiele zwischen Tür und Fenster hängen. Achten Sie nur darauf, dass Klangspiele mindestens einen Meter von der Tür entfernt hängen, damit sie nicht das eintretende Yang-Chi der Tür blockieren.

Elektrosmog

Die Belastungen, die von Stromleitungen, Steckdosen und Elektrogeräten, insbesondere Computern, Druckern und umherliegenden Kabeln ausgehen, nehmen immer mehr zu. Immer mehr Menschen reagieren auf Elektrosmog mit Schwächungen des Immunsystems, Kopf- und Gliederschmerzen. Die Technik wird immer besser, und ich bin überzeugt, dass auch dieses Problem in den Griff zu bekommen ist.

Elektrosmog kann bei weiblichen Mitarbeitern zu kalten Füßen und Kopfschmerzen bis hin zu grippalen Infekten führen. Legen Sie am besten eine Korkplatte unter die Füße, benutzen Sie abgeschirmte Kabel für die Büros und nehmen abends ein heißes Fußbad mit einer Tasse Meersalz. Arbeiten Sie viel am Computer, dann sollten Sie einmal in der Woche ein Vollbad mit Meersalz nehmen, falls sie nicht zu hohem Blutdruck neigen. Eine Tasse Meersalz pro Bad genügt. Sprechen Sie auch gegebenenfalls diese Maßnahme mit Ihrem Hausarzt ab.

Aktenregale

Akten- oder Bücherregale dürfen den Raum selbstverständlich nicht erdrücken und sollten in jedem Fall Lebendigkeit zulassen. Benutzen Sie zur Auflockerung Figuren, Kristalle oder Blumen, um eine Wand nicht zum Koloss werden zu lassen.

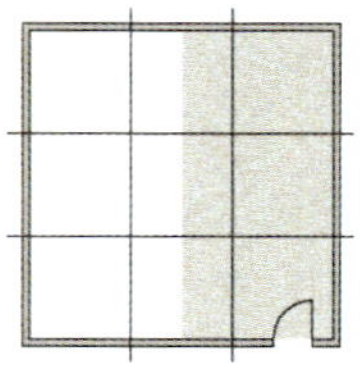

Raumharmonie

Wenn Sie den Raum betreten, so ist die rechte Seite die Yangseite und die linke, die Yinseite. Je nach Lichtsituation vor Ort, wird die Yangseite hoch und die linke Seite niedriger gestaltet. Sollte dies bei Ihnen im Büro genau anders herum möglich sein, so erreichen Sie damit auch ein günstiges Feng Shui, denn Sie balancieren Yin und Yang harmonisch im Raum.

Runde Formen

Die Kugel symbolisiert den Himmel, die Ganzheit, die Einheit in allem. Diese Informationen sind für jeden unterbewusst präsent.

Runde Formen sind harmonisch. An einem runden Tisch lässt es sich gut reden, an abgerundeten Ecken ungehindert vorbeigehen. Wer Korridorwände schwingt und den rechten Winkel bricht, ist einem günstigen Feng Shui sehr nahe. Wer seine Raumform und die Schreibtischsituation allerdings nicht ändern kann, kann trotzdem Kristallkugeln in das Fenster hängen, runde Kugelbrunnen aufstellen sowie Bilder und Pflanzen integrieren, die das runde Element verkörpern.

Altes Mobiliar

Wer altes Mobiliar im Büro stehen hat, sollte die Geschichte desselben kennen, um sicher zu sein, dass dessen Vergangenheit in der Tat rühmlich war und es nicht etwa aus einer Konkursmasse übernommen wurde. Holz speichert wie eine Festplatte alle Daten und Ereignisse. Jeder, der an der »Festplatte« Tisch arbeitet, ist mit den entsprechend eingespeicherten Informationen verbunden. Deshalb sollte man sorgfältig sein Mobiliar auswählen und jeden Tag mit einem feuchten Tuch abwischen.

Sollten Sie ein »neues« altes Möbelstück geerbt haben, dann reinigen Sie es zunächst mit Essigwasser. Anschließend können Sie eine Duftessenz aus Orangen-, Pampelmusen- und Zitronenöl darauf oder – bei einem Schrank – hineinstellen.

Die Essenz können Sie auch pur auf ein Tuch geben und damit die Holzteile abwischen oder in eine Duftlampe, die Sie in die entsprechenden Schränke stellen.

Schmutz

Schmutz ist Sha-Chi und hinderlich für den Erfolg. Er zieht nach östlicher Vorstellung unklare Energien und ungünstige Ereignisse an. Deshalb ist auch im Feng Shui für ein erfolgreiches Arbeiten die Sauberkeit des Raumes Voraussetzung. Sha-Chi ist oftmals in den Böden und Wänden, häufiger jedoch in Schreibtischschubladen oder Aktenschränken zu finden. Sollten sie einen Großputz vorhaben und sich von alten, ungewollten Energien befreien wollen, so benötigen Sie 1 ml Rosenöl und 10 ml reinen Alkohol. Mischen Sie beides und geben diese Essenz in einen Eimer Wasser. Jetzt können Sie mit dem Großputz beginnen. Lassen Sie auch nicht Bilderrahmen oder Schreibtischgestelle außer Acht.

Klarheit und Ordnung

Wer Ordnung hält, ist zu faul zum Suchen, oder? Ordnung klärt die Gedanken, meine ich. Außerdem ist es ja in der Tat so, dass man Wichtiges verliert, Nötiges vergisst und sich die Arbeit unnötig schwer macht, wenn man keine Ordnung hält. Wo Unordnung regiert, werden unnötigerweise weitere Altlasten produziert. Was dagegen hilft, ist ganz einfach ein Großputz und das Entrümpeln, wo es nur geht. So fließt Chi, und die Gedanken bekommen Freiraum. Wer einmal alles gesichtet, sortiert und unnötige Akten ausrangiert hat, weiß, wie gut man sich hinterher fühlt. Vom Standpunkt des Feng Shui aus gesehen ist diese Vorgehensweise jedem spezifischen Feng Shui-Engagement vorauszustellen. Das Prinzip dahinter ist einfach: Bevor man etwas Neues in den Raum hineingibt, sollte man zunächst erst einmal etwas loslassen. Das entspricht einer holistischen Denkweise. Nur der Wechsel der Stoffe, der Stoffwechsel, schafft Raum für Neues.

Wer sich zunächst von unbrauchbaren Dingen befreit und Klarheit in seine Räume lässt, wird auch bald viel mehr Durchblick besitzen und klare Entscheidungen treffen können. Je mehr herumsteht oder -liegt, desto schwerer fällt es, sich Neuem gegenüber zu öffnen. Eine Sichtung, ein- oder zweimal im Jahr vorgenommen, verhilft zu größter Gelassenheit und Ruhe und befördert nicht selten Ungeahntes zu Tage. Was Sie nicht mehr benötigen, stellen Sie am besten für wohltätige Zwecke zur Verfügung, verschenken es an Kollegen oder Mitarbeiter, verkaufen es oder geben es zum Sperrmüll. Mitunter genügt es auch, den Rest übersichtlich sortiert ins Regal zu stellen. Welche Entscheidung auch immer fällig sein sollte, sie ist essenziell notwendig, um ein gutes Feng Shui zu erreichen. Wind und Wasser wollen in Bewegung bleiben. Deshalb benötigt man Platz. Dieser Platz lässt Energien um Sie herum zu, die Sie unterstützen wollen. Die Energie-Räuber, wie Schmutz, volle Papierkörbe oder Stapel von Schriftstücken, sind belastend und wirken hemmend auf Ihr kreatives Potenzial.

Zusätzlich sorgt ein freier Bereich, der als Min Tang bezeichnet wird, für die nötige Konzentration auf das Wesentliche, er verleiht Ruhe und Kraft.

Als ich einmal einen Künstler beriet, der wundervolle Bilder malte, kam ich überall hin, nur nicht in sein Arbeitszimmer hinein. Die Berge lagerten auch auf dem Boden und er verriet mir, dass er sich in der Regel über die angelehnte Balkontür von einem Nebenzimmer zu seinem Arbeitsplatz begeben würde. In der Tat! Das war der leichtere Weg.

Wieviel Umwege nahm er auf sich, und um wie viel schwerer tat er sich, als es eigentlich nötig gewesen wäre? In der Tat! Auch mit dem Verkauf seiner Kunstwerke tat er sich schwerer, als es diesen gebührt hätte.

32

Gegen den Stress

Das ständig klingelnde Telefon kann eine nervliche Belastung sein. Wer mehr Ruhe braucht, kann es zunächst mit ein wenig mehr **»Erdung«** versuchen, in Form eines Steines auf seinem Tisch. Der Anblick von Halbedelsteinen oder auch Flusssteinen beruhigt. Wer Stress vermeiden will, kann vollgestopfte Aktenregale, eine dunkle Einrichtung und blendendes Licht nicht gebrauchen. Wer sich befreit von schwer beladenen Schreibtischen, vollen Papierkörben und vollgestellten Laufzonen, wird bald wieder durchatmen und »Stress ade« sagen können.

Wer die **Tür** im Auge behält und im Rücken eine schützende Wand hat, braucht nicht ständig indirekte Kontrolle zu üben, indem er sich umdreht. Es nervt ja in der Tat, wenn man nicht sehen kann, was hinter einem passiert, oder?

Wer in direkter **Konfrontationslinie** jemandem gegenüber sitzt, wird seine liebe Not haben, seine Konzentration bei sich zu behalten. Schon im alten China rückte man bei Gesprächen nebeneinander und saß sich nicht gegenüber, um Konfrontationen aus dem Wege zu gehen.

Direkte Blickkontakte erzeugen Stress, was dazu führt, dass sich jeder eine Art Barriere zum anderen hin mit allerlei Schreibutensilien aufbaut. Mein Rat: Wer nicht anders als sich gegenüber sitzen kann, sollte einen Tischparavent aufstellen und je eine Pflanze auf seine Seite stellen, so dass das Miteinander von Harmonie getragen ist.

Vermeiden Sie auch **Tische**, die in einer Reihe hintereinander aufgestellt sind. Sie erzeugen so genannte geheime Pfeile, man könnte auch sagen: lange Wege des Chi. Das Fazit solcher Anordnungen ist, dass man nicht erntet, was man säte. Man wird die Früchte seiner Arbeit verstreuen, sagen die Chinesen.

Verteilen Sie die Tische im Raum neu und alles läuft besser.

Stress können auch **Balken** über den Köpfen verursachen. Rücken Sie am besten weg, oder streichen Sie diese weiß wie die Decke und hängen daran ein Windspiel oder einen großen, runden Kristall.

Stress kann auch erzeugt werden, wenn Sie von Ihrem Arbeitsplatz aus durch die **geöffnete Tür** in ein gegenüberliegendes Büro schauen können. Sie fühlen nicht nur einen leichten Windzug, einen Sha-Pfeil, Sie fühlen sich mitunter auch beobachtet. Schließen Sie die Tür oder setzen Sie sich aus der direkten Linie weg.

Stress erzeugt auch, wenn Sie **Sichtfenster** neben der Bürotür haben. So sind Sie jederzeit kontrollierbar und Ihr Unterbewusstsein fühlt sich gestresst.

Stress erzeugt auch, wenn Sie in einem **Glaskasten**-Büro sitzen und andere Ihnen bei der Arbeit zuschauen. Achten Sie in diesem Fall darauf, dass Sie hinter sich vor die Glaswand ein Bild hängen, um Rückenschutz zu erhalten. Wenn genügend Platz ist, dann stellen Sie auch zu beiden Seiten Ihres Arbeitsplatzes Pflanzen auf, um für sich eine so genannte Tiger- und Drachensituation zu erzeugen, und setzen Sie sich mit dem Blick zur Tür. Wenn Sie zu den übrigen Glasflächen hin je einen großen Kristall aufhängen, so werden Sie sich augenblicklich besser fühlen.

Eine Frankfurter Export-Importfirma litt sehr stark unter dem hohen Krankenstand der Mitarbeiter. Das Problem war in der Tat der Stress, der durch die Glaskastenbüros erzeugt wurde, zumal die Chefin von ihrem Büro am Ende des Ganges alles überblicken konnte. Meine Empfehlungen beliefen sich auf die oben beschriebenen Bilder, Pflanzen und Kristalle. Nach einem Jahr war der Krankenstand so niedrig, dass sie selbst nun vollkommen von Feng Shui überzeugt war.

Stress erzeugt auch, wenn es **keine Rückzugsmöglichkeiten** innerhalb der Firma gibt, wenn man noch nicht einmal in der Mittagspause ungestört sein kann. Sorgen Sie für Rückzugsareale, Räume, in denen man seinen Mittagsschlaf abhalten oder zur Ruhe kommen kann. So werden alle Freude an ihrer Arbeit haben und weniger Stresssymptome entwickeln.

Stress kann auch erzeugt werden, wenn **Fenster** eines gegenüberliegenden Gebäudes wie Augen in den Raum hineinschauen. Je näher dieses Gebäude in Bezug zu Ihrem steht, umso kontrollierter werden Sie sich fühlen. In diesem Fall sollten Sie zwischen sich und dem Ausblick Pflanzen oder Reklameschilder aufstellen oder Fensterbilder, Kristalle und Lampen verwenden. So schaffen Sie eine entspannte Atmosphäre.

Stress entsteht auch dort, wo Sie gegen eine nackte **Wand** schauen. Hängen Sie ein schönes, farbenfrohes Bild der Weite auf oder einen Spiegel. Sollten Sie diesen Anblick durch Ihr Fenster genießen müssen, so empfiehlt es sich, blühende Pflanzen, Kristalle und gegebenenfalls durchscheinende Rollos zu verwenden. Dazu eignen sich insbesondere Bambusmotive, die Wachstum und Gedeihen verheißen.

Stress kann auch verursacht werden von **Häuserkanten**, die Ihren Arbeitsplatz wie Messer »durchschneiden«. Sie können runde Kugeln, glänzende Objekte oder einen schweren Kunstgegenstand verwenden, um gegen die angreifende Häuserkante zu wirken. Am besten ist es natürlich, wenn Sie sich direkt aus dem Winkel des »Angriffs« entfernen. Denken wir nur an die Bank of China in Hongkong. Sie befindet sich in einem sehr spitzkantigen Gebäude, das wie mit Ellenbogen gegen die in der Umgebung befindlichen Häuser arbeitet. Man hängt in Hongkong konvexe Spiegel ins Fenster und stellt Pflanzen auf, um nicht die Attacke der Kanten täglich vor Augen zu haben. Dies tun auch clevere Geschäftsleute, die rein zur Prophylaxe diese Maßnahmen ergreifen, um keine geschäftlichen Rückschläge zu erleiden.

Stress ist vielfältig und kann auch von **Bildern** ausgehen, die sich in Ihrem Rücken oder Ihnen gegenüber befinden. Prüfen Sie, ob das Bild lebensbejahend ist, Sie aufbaut, unterstützt, Ihnen Mut macht und Zuversicht gibt. Wenn nicht, dann tauschen Sie es aus.

Auch **Yuccapalmen und Kakteen** mit ihren spitzen, harten Blättern können Stress im System Mensch erzeugen, wenn sich diese in Ihrer unmittelbaren Nähe befinden. Ersetzen Sie diese durch Pflanzen mit runden Blättern oder Blühendes.

Stress vermeiden lässt sich auch, indem Sie schauen, was sich genau hinter Ihrem **Rücken** befindet. Vielleicht sind es Regale, die mit ihren Brettern in Ihren Rücken »schneiden«. Vielleicht sind es auch nur Figuren, die mit Pfeil und Bogen auf Sie zielen, oder es ist der strenge Blick von einem Bild herunter und geradewegs in Ihren Nacken. Sie sehen, die Möglichkeiten, Stress zu erzeugen, sind groß und geradezu vielfältig. Deshalb gilt es in erster Linie, diese zu minimieren und somit zumindest ein paar Ursachen des Stresses im Bereich des Interieur-Faktors auszuräumen.

Wer am **Ende eines Ganges** sitzt, hat nicht das ideale Büro. Lässt sich dies dennoch nicht vermeiden, so empfehle ich Ihnen, versetzt im Flur einmal rechts und einmal links Spiegel aufzuhängen, die das Chi umlenken. Sie selbst sollten dann nicht der Tür in direkter Linie gegenüber sitzen.

Eine unzureichende **Beleuchtung** kann eine nicht zu unterschätzende Rolle bei der Stressverursachung spielen. Als Balance zu dem von der Decke herkommenden Licht benötigen Sie Tisch-, Wand- oder Stehlampen.

Wer auf professionelle Lösungen setzt, sollte sich einem Fachmann anvertrauen wie der Firma *Zumtobel Staff*. Oder setzen Sie auf gesundes Vollspektrum-Licht, das Sie beispielsweise von der Firma *True Light* erhalten. Vertrauen Sie sich für das Lichtkonzept in jedem Fall einem Profi an, denn Licht ist der Schlüssel zu einer hohen Arbeitsproduktivität, es hilft, Augenschäden vorzubeugen und erzeugt Stimmung im Raum.

Stress kann auch durch **Computer** erzeugt werden. Stellen Sie Ihren Computer mit der Rückseite zu einer Wand, damit man das Kabelgewirr nicht sieht und der Elektrosmog nicht gegen eine Person gerichtet wird.

Sorgen Sie für wenig sichtbare **Kabel** im Büro, da sonst die nervliche Belastung steigt. Die herumliegenden Kabel werden bei den Asiaten mit offen liegenden Nervensträngen assoziiert. Verstehen Sie jetzt, warum man sie nicht kreuz und quer im Raum haben sollte?

In den Raum hineinragende **Raumecken** und Pfeiler, sowie Kanten von Mobiliar können störend wirken und körperlichen Stress erzeugen. Folge ist, dass sich die Muskulatur verspannt und dem Schulter-Arm-Syndrom Tür und Tor geöffnet werden kann. Sie spüren dies mitunter als schmerzhafte Ausstrahlungen im Nacken- und Armbereich.

Abhilfe: Verspiegeln Sie die Kanten, stellen Sie Pflanzen davor, umranken Sie die Kanten mit Dekorationsmaterial. Möglicherweise können Sie Pfeiler ja auch entfernen.

Wer sich direkt einer **Klimaanlage** aussetzt, kann bei dem Luftzug unter Müdigkeit, Übelkeit, Nacken- oder Rückenschmerzen leiden.

Abhilfe: Wechseln Sie den Platz.

Schmale, **lange Flure** lassen Chi pfeilartig durch die Firma schnellen und erzeugen Stress, der alle Durchlaufenden pfeilartig antreibt.

Abhilfe: Beleuchtungskörper in einer Schlangenlinie von der Decke führend, punktuelle Lichtinseln, Klangspiele und Pflanzeninseln im Wechsel aufgestellt sind gute Mittel, um dem Stress entgegenzuwirken.

Balken über dem Sitzenden erzeugen Kopfdruck.

Abhilfe: Rücken Sie unter dem Balken weg oder lassen Sie eine Zwischendecke einziehen.

Bedenken Sie die Weisheit alter Feng Shui-Meister: Ist die Decke glatt und gerade, dann fließt geschäftlicher Erfolg ungehindert!

Schrägen schränken die Arbeits-Power ein.

Abhilfe: Sitzen Sie möglichst in einem Raum, der Ihnen keine Deckenschrägen bietet. Ist dies unvermeidbar, dann setzen Sie sich mit dem Kopf so weit als möglich von den Schrägen entfernt.

Gegenüberliegende Sitzplätze erzeugen Stress, der sich in Angriffslust zeigt. Selbst, wenn es Ihr eigener Partner ist, der Ihnen gegenüber sitzt.

Abhilfe: Durch die Computer lässt sich die Blickrichtung verändern, kleine Wandschirme und Pflanzen aufgestellt harmonisieren die Situation.

Wird der **Rücken zur Tür** hin positioniert, schwächt dies die Stellung in der Firma und erzeugt Stresssymptome.

Abhilfe: Sitzordnung neu überdenken und die Richtung mit Blick zur Tür verändern. Über einen Tischspiegel die Kontrolle über das Rückengeschehen sicherstellen.

Eine zu **hohe Raumtemperatur** kann leicht zu Ermüdungserscheinungen führen.

Passen Sie die Raumtemperatur immer Ihrer Tätigkeit und Ihren momentanen Bedürfnissen an.

Achten Sie auf **Spitzes**, auf Kleinigkeiten. Beispielsweise auf Gegenstände, die auf dem Schreibtisch liegen. Stress wird durch Brieföffner oder Füllfederhalter erzeugt, die mit ihren Spitzen auf den Betrachter weisen.

Abhilfe: Aufmerksamkeit gegenüber Kleinigkeiten an den Tag legen!

Bilder mit aggressivem Inhalt können die Atmosphäre negativ aufladen, oder sogar Kunden abhalten.

Abhilfe: Suchen Sie nur Bilder aus, die eine natürliche, positive und freundliche Stimmung beinhalten. Hängen Sie diese in aufsteigender Linie von links nach rechts auf, oder gleichberechtigt nacheinander.

Abgestandene Luft in den Räumen trägt nicht den Geist des Erfolges!

Abhilfe: Lüften Sie die Räume gut und bedienen Sie sich evtl. einmal wöchentlich eines Luftbefeuchters. Das ist ein Gerät, das mit Wasser arbeitet und über einen Lüfter die feinen Wasserteilchen im Raum verteilt. Sollte geraucht werden, so wird sich diese Methode der Raumerfrischung als äußerst effektiv herausstellen. Geben Sie noch ätherische Öle, wie Limette oder Pampelmuse in den Luftwäscher, so haben Sie einen Frischefaktor in der Luft.

Wer in einem **feuchten Raum** arbeitet, sollte lieber umziehen. Denn die Schimmelpilze sind Sha-Chi-Energien, die das Immunsystem schwächen. Wer die Ursache der Feuchtigkeit behebt, braucht nicht an Umzug zu denken. Schauen Sie doch einmal hinter die Aktenordner. Vielleicht sitzt dort die Ursache der Feuchtigkeit in Form einer schimmeligen Wand.

Wer kennt es nicht aus Bürozeiten, wo der liebe **Kollege** oder die Kollegin einen mottenstichigen, schimmelpilzigen oder sonstwie unguten Geruch an sich hatte. Manchmal haftete dieser auch an der Kleidung, da die Wohnung der Betroffenen feucht war. Andere Kollegen haben schlicht Ausdünstungen von Medikamenten oder Alkohol. Das kann die Aufmerksamkeit vollkommen ablenken und das Arbeiten unerträglich machen. Wer sagt es ihm oder ihr?

Schutz im Rücken

Wer schon einmal ungeschützt mit dem Rücken zu einem großen Fenster, dem Flur, einem großen offenen Raum hin, oder einer Türöffnung gesessen hat, der weiß, wie sich diese Situation anfühlt. Manche Mitarbeiter bekommen Rückenverspannungen, sind oft grippal erkrankt oder leiden unter Konzentrationsmangel. Wer diese Sitzposition inne hat, kann sehr wohl seine Stellung im Unternehmen positiv beeinflussen. Dazu gehört in erster Linie, dass man einen Paravent oder Vorhang hinter sich weiß, wenigstens aber Pflanzen, die das starke Chi abbremsen, das durch die Türen hereinkommt. Wer das nicht kann, sollte sich eine Art Rückspiegel anschaffen, in dem er sieht, was hinter ihm passiert. So muss nicht andauernd sein Alarmsystem in Aktion sein. Im Übrigen ist es auch in der Tat immer ein bisschen zugig, wenn man Fenster im Rücken hat. Im Sommer knallt die Sonne und im Winter die Kälte durch. Feng Shui meint ohnehin, dass Glas wie Nichts sei und durch dieses Nichts eben die Energie ungehindert hindurch könne. Besser, Sie verschaffen sich Respekt und Unterstützung, indem Sie mit dem Rücken zur Wand sitzen. Ein New Yorker Bankier machte seine Erfahrungen mit Feng Shui, indem er sich auf den Rat eines Feng Shui-Experten hin mit dem Gesicht zur Tür setzte und mit dem Rücken zur Wand. Kurze Zeit später fühlte er sich weniger nervös, wie er sagte, und er hatte das Gefühl, seine Geschäfte besser unter Kontrolle zu haben und seine Pläne verwirklichen zu können.

Weit verbreitet ist die Ansicht, dass es gut sei, während der Arbeit zum Fenster hinauszuschauen. Der Nachteil ist aus Feng Shui-Sicht, dass dann der Rücken zur Tür weist. Dies sollte nicht der Fall sein. Stellen Sie Ihren Schreibtisch so auf, dass Sie mit dem Blick zur Tür sitzen und die Wand im Rücken haben. So haben Sie mitunter auch die Möglichkeit, nach draußen und gleichzeitig zum inneren Geschehen zu schauen. Eine gute Wand im Rücken zu haben ist ein stabiler Schutz, vergleichbar mit einem Schildkrötenpanzer. Das gibt Ihnen Durchhaltevermögen, Beständigkeit und Ausdauer. Es festigt Ihre Position im Gefüge der Firma. Wenn Sie mit dem Rücken zur Wand sitzen und dem Gesicht zur Tür, um Ruhe und Schutz zu genießen, fühlen Sie sich sicher und können Ihre ganze Aufmerksamkeit Ihrer Arbeit widmen.

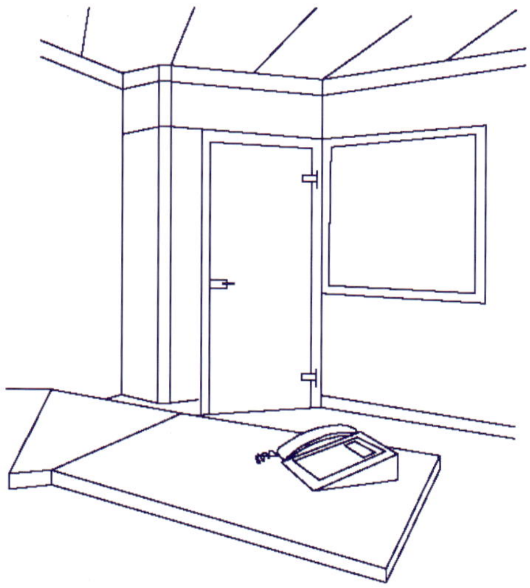

Bewegungsspielraum

Funktionalität steht allem voran! Anordnungsrichtlinien des Feng Shui müssen sich dieser fügen. Chi will fließen – runde Formen sind daher allemal eckigen oder gar spitzen vorzuziehen. Scharfkantige Glaseinsätze oder ebensolche Tischplatten sind dem Bewegungsspielraum oft hinderlich. Wer sich immer wieder stößt, ist schlecht gelaunt. Und blaue Flecken erinnern so manches Mal noch am Abend an das Büro. Wer sein eigenes Chi im Fluss halten will, braucht Bewegungsspielräume. Entfernen Sie am besten alles Hinderliche, damit Chi fließen kann und Ihre Vorhaben im »Fluss« bleiben.

Der Schreibtisch

An Ihrem Schreibtisch werden Sie mitunter mehr Zeit verbringen als mit Ihrem Partner. Deshalb ist er von immenser Wichtigkeit.

Haben Sie ein etwa dreißig Quadratzentimeter großes, freies Plätzchen auf Ihrem Schreibtisch? Sie könnten diese Stelle mit einem Blumenstrauß, dem Foto Ihrer Liebsten oder einem Halbedelstein belegen. Die Hauptsache ist, dass dieser Platz frei von Arbeitsutensilien bleibt. Ihre Gedanken sollten zu diesem »freien« Fleck schweifen können und Ihnen genügend Ruhe geben und Sammlung ermöglichen.

Wichtiges rund um den Schreibtisch auf einen Blick:

Die Position des Schreibtisches im Raum sollte sich in einer diagonalen Position zur Tür befinden.

Richten Sie zudem auch den Schreibtisch nach Ihrer Ming-Kwa-Zahl aus.

Achten Sie darauf, eine Wand im Rücken zu haben und Dinge, die Sie stärken.

Vermeiden Sie Spiegel oder Fenster hinter sich.

Wählen Sie einen Schreibtisch mit guten Feng Shui-Maßen für Ihren Erfolg.

Der Schreibtischsessel sollte nicht nur eine gute, hohe Rückenlehne, er sollte auch Armlehnen besitzen, damit Sie sich »unterstützt« fühlen und die Farbe Ihres Jahreselementes reflektieren.

Achten Sie auf ein gutes Zusammenspiel von Schreibtisch und Stuhl, optisch und ergonomisch.

Räumen Sie Ihren Schreibtisch am Ende des Tages auf und ordnen Sie das, was unvermeidlich ist. Ein bekannter Rechtsanwalt schloss einmal seine Pforten nicht wegen Urlaub, sondern aus dem Grund, weil ihm die Aktenberge über den Kopf gewachsen waren. Genau dies ist das Problem. Wer hinter seinen Akten wie eine Maus aus dem Mauseloch hervorlugt, kann nicht die Übersicht über die Dinge haben und hat es schwer, Klarheit zu erringen.

Wer kreativ arbeitet, benötigt abgerundete Schreibtischformen und ovale oder runde Formen für Besprechungstische. So ist Brainstorming besonders erfolgreich.

Wer analytisches Denken und lineare Arbeitsvorgänge zu bewältigen hat, wird sich an rechteckigen Tischen mit abgerundeten Kanten besonders wohl fühlen. Gerade buchhalterische Tätigkeiten und Terminabsprachen sind auf diese Weise am besten unterstützt.

Wählen Sie Hölzer für die Arbeitsplatte, die Ihnen farblich und von der Berührung her zusagen. So sind Buche, Erle und Esche neben Lärche und Ahorn besonders empfehlenswert.

Natürlich sollte das Licht für einen Rechtshänder von links kommen und der Platz frei von Schatten sein.

Ein Schreibtisch aus Glas lässt die Arbeit, wie gesagt, schwer auf Ihren Oberschenkeln lasten, und Sie würden sich im wahrsten Sinne des Wortes belastet fühlen. Leichte Schreibtische sind hingegen für veränderliche Büroeinheiten ein Muss. Kreative kommen ohnehin nicht ohne Veränderungen aus.

Der Schreibtisch sollte sicher stehen und eine gewisse Schwere haben, wenn es sich um einen Chefschreibtisch handelt. Damit wird die auf ihm liegende Arbeit wichtig, sie bekommt Format. Ein *Chef-Schreibtisch* sollte Würde und Beständigkeit ausstrahlen. Vielleicht ist das in zehn Jahren anders in unserer schnelllebigen Zeit. Unter heutigen Feng Shui-Gesichtspunkten muss man dies aber befürworten, wird doch auf einem schweren, dunklen Schreibtisch das, was auf ihm liegt, auch wertiger, gehaltvoller!

Schreibtischutensilien

Im Feng Shui wird auch den Schreibtischutensilien Bedeutung beigemessen. Insbesondere dem Locher, dem Hefter und den Registern. Qualität zahlt sich hier aus. Billigware kann Ihre Wertigkeitsgefühle herabsetzen. Wer reich sein möchte, muss sich auch reich fühlen. Dazu gehören eine solche Umgebung und nach Reichtum aussehende und sich anfühlende Utensilien.

Tischformen

Im nächsten Schritt sollte unsere Aufmerksamkeit den Tischen gelten. Einige gute Feng Shui-Lösungen möchte ich Ihnen ans Herz legen. Sie betreffen die Formen der Tische, die für das Büro oder Besprechungen besonders günstig und deshalb empfehlenswert sind. Zunächst lassen Sie uns die verschiedenen Tischformen anschauen und diese nach Feng Shui-Kriterien betrachten. Nierenförmige Tische, die sich um den Arbeitenden herum platzieren und fast anschmiegen, stellen ein günstiges Feng Shui dar. Aber auch leicht konkave, nach innen gewölbte Formen, werden dem Anspruch gerecht. Sie unterstützen die Bürotätigkeit und verleihen Schwung und Elan. Kreative Formen fördern auch die Kreativität.

Wer eine Tätigkeit mit großem Anspruch an Genauigkeit durchzuführen hat, ist gut beraten, wenn er die Erdform für seinen Tisch wählt und dieser dann entsprechend rechteckig ist. Diese Form begünstigt die Konzentration auf das Wesentliche.

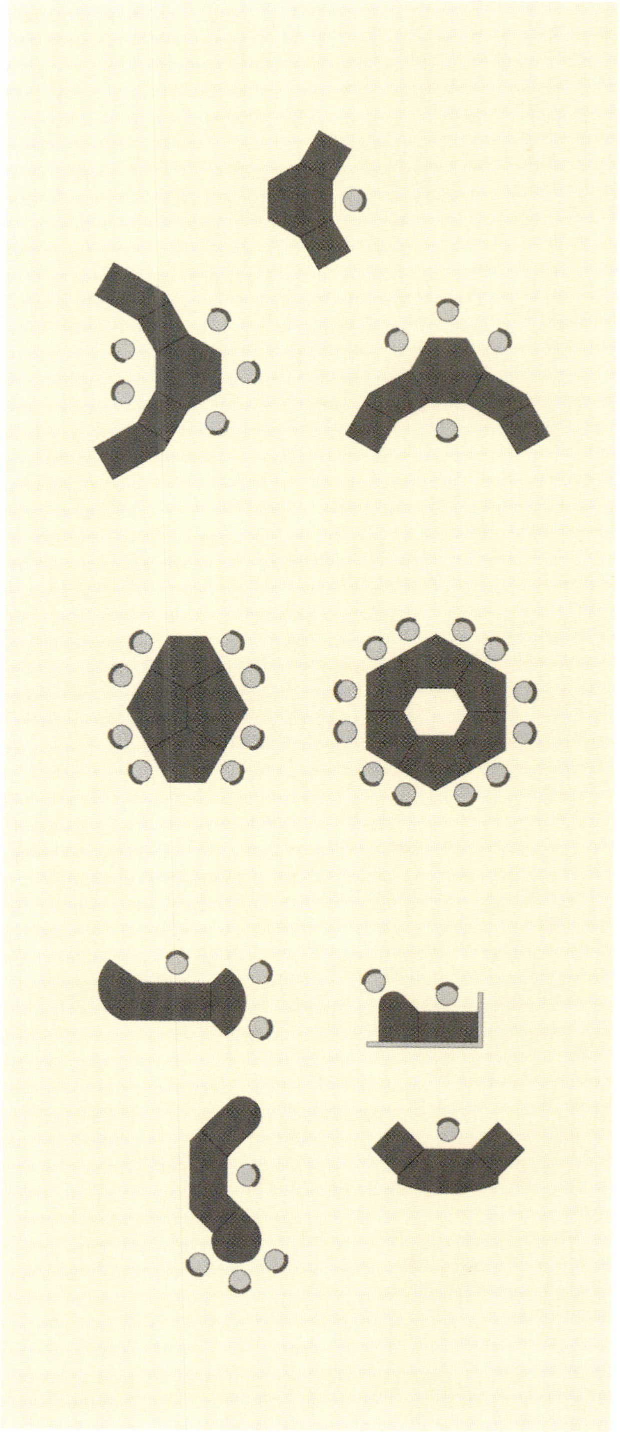

Wasser

Wasser ist mit Reichtum gleichbedeutend. Wer Wasser in sein Büro bringt, verbessert zweifelsohne die Luft und trägt dem energiespendenden Atem des Chi Rechnung. Chi gibt Ihnen Energie für den Tag, es befeuchtet die Schleimhäute, sorgt für Leistungsfähigkeit, eine gute Haut und Gedankenblitze.

Bergamotte, Grapefruit, Kiefernadel, Tanne, Zitrone, Lemongras oder die Duftmischungen von Primavera wie »Concentration«, »Himalaya Morning« oder »Frisch & Frei«.

Lösung von Aufgaben

Wer knifflige Aufgaben zu lösen hat und Ausgeglichenheit und Inspiration im Alltag braucht, dem empfehle ich die Düfte Sandelholz, Frangipani, Champaca und Ingwer.

Düfte fürs Büro

Wer die Nase voll hat vom täglichen Einerlei im Berufsalltag, sollte sich bewusst gegen verqualmte Luft, Stress und Gereiztheit zur Wehr setzen. Schaffen Sie sich einen klaren Kopf und eine wahre Quelle von Kraft und Inspiration, indem Sie Ihre Duftmarken setzen. Deshalb setzen Sie reinigende und klärende Aromen dagegen, wie Zitrusdüfte, Tanne, Kiefer, und Douglasfichte:

Büro

Pampelmuse stärkt das Selbstvertrauen, beflügelt und hebt die Stimmung.

Empfang/ Wartezone

Petitgrain harmonisiert, entspannt, hellt auf und erfreut das Herz. Zitrone schenkt Leichtigkeit, Frische und reinigt die Seele.

Computerarbeit

Wer viel am Computer arbeitet, braucht frische Düfte mit klaren und spritzigen Aromen. Dazu eignen sich am besten folgende Düfte:

Wer kennt das nicht: Es steht eine schwierige Besprechung an und man möchte schon im Vorfeld so viel Einigkeit wie möglich erzeugen. Neben runden Elementen und angenehmen Bildern sind Düfte ein wunderbares Mittel der Wahl, um in der Tat auf dem unbewussten Sektor zu signalisieren, dass man friedvoll gestimmt ist. Man nimmt so letztendlich den negativen Wind aus dem Segel.

Dazu empfehle ich Ihnen die fertigen Duftmischungen von Primavera wie »Harmony«, »Rosentau« und »La Sera«.

Citronella ist ein besonders einladender Duft, wenn die Luft von Tabakrauch geschwängert ist – damit stattdessen Frühling in der Luft liegt.

Sollten Sie Lemongras wählen, dann beugen Sie Müdigkeit und Lustlosigkeit vor.

Mit Pfefferminze fördern Sie die Leistung Ihres Gehirns und können Ihre Konzentration auf das Wesentliche unterstützen.

In welcher Himmelsrichtung arbeiten Sie?

In welchem Gebäudeteil befindet sich Ihr Büro? Schauen Sie nachfolgend, was dies bedeuten kann und was sich gleichermaßen mit welcher Himmelsrichtung in Ihrem Büro für Kräfte verbergen.

Im Südwesten
– Gute Zusammenarbeit, Bereich der reiferen Frauen

Im Westen
– Förderung der Kreativität, Werbung und der jungen Frauen

Im Nordwesten
– Bereich der guten Geschäftskontakte und der Firmenleitung

Im Norden
– Bereich der Karriere und der Routinearbeiten

Im Nordosten
– Bereich des Wissens und der Aufbewahrung, Lagerung

Im Osten
– Bereich der Firmentradition, der Boten und der Abfertigung von Sendungen

Im Südosten
– Bereich des Reichtums, der Fertigung und Vollendung von Begonnenem

Im Süden
– Bereich des Ruhmes und der Anerkennung von Leistungen

Kontrollmechanismen

Wer hat die Kontrolle über was im Büro? Schauen Sie sich nachfolgend die Darstellungen an, um für sich die nötigen Schlüsse zu ziehen.

Besprechung

Wer eine Besprechung abhält, sollte einmal überprüfen, ob er nicht noch mehr aus ihr machen kann als bisher. Wenden Sie dazu die Himmelsrichtungen zu Ihrem Vorteil an und platzieren Sie die Mitarbeiter mit der Blickrichtung zu folgenden Himmelsrichtungen:

... den Personaldirektor mit dem Blick nach Südwesten, da dies die Richtung der Zusammenarbeit ist und der interdisziplinären Unterstützungen,

... den Vorsitzenden mit Blick in den Südosten, da diese Richtung hilft, die Harmonie der Gruppe und der Sitzung zu fördern,

... den Vertriebsleiter mit dem Blick nach Süden, da diese Richtung Vitalität und Ausdruck fördert,

... den Geschäftsführer nach Nordwesten, da er in dieser Richtung am besten Ordnung und Kraft gewinnt,

... den stellvertretenden Geschäftsführer in Richtung Norden, da der Norden dazu verhilft, mehr Klarheit und Flexibilität zu erlangen,

... den Technischen Direktor mit Blick nach Osten, da er dort besser mit der Richtung der Technologien verbunden ist und sich auf Altüberliefertes stützen kann, das ihm hilft, positiv in die Zukunft zu sehen,

... den Direktor für Handel und Wirtschaft mit Blick nach Nordosten, da sich so die Konzentration auf das Wesentliche fördern lässt,

... den Direktor für Finanzen mit Blick nach Westen, da sich hier der Focus auf Resultate verstärken lässt.

S
160
140
120
100
E
80
60
40
20
N
340

33

Fehlbereiche

Wer ein Gebäude neu konzipieren oder auch das bestehende nach Feng Shui-Kriterien überprüfen möchte, sollte in jedem Fall die Augen offen halten und Fehlbereiche vermeiden. Benutzen Sie zur Feststellung der Himmelsrichtung einen Kompass oder lassen Sie sich den Lageplan zeigen. Dort ist der Nordpfeil eingezeichnet und Sie werden so korrekt die Himmelsrichtungen finden. Am besten zeichnen Sie acht Himmelsrichtungen, ausgehend vom Zentrum des Gebäudes auf dem Plan ein. Messen Sie dann jede Seitenlänge des Gebäudes und teilen Sie die Maßeinheit durch drei. So erhalten Sie neun Felder. Ist ein Feld größer als ein Drittel der Gesamtlänge einer Seitenwand, dann entsteht ein Fehlbereich (siehe auch S. 104)

Der finanzielle Erfolg einer Firma, ihre Produktivität, die Gesundheit der Mitarbeiter und das innerbetriebliche Klima sind in Gebäuden mit Fehlbereichen jeweils in der Prognose ungünstig. Ist der Gebäudekörper »intakt«, dann unterstützt dieser den beruflichen Werdegang des Einzelnen genauso wie der Firma im Speziellen. Ist die Form auch der einzelnen Büros rechteckig oder quadratisch, dann ist das Glück auf Ihrer Seite.

Fehlbereiche innerhalb des Gebäudes oder eines einzelnen Raumes haben grundsätzlich Auswirkungen auf das Gefühl im Raum und die Arbeitsleistung. Ich möchte Ihnen diese Feststellung meinerseits nicht etwa als feststehende Tatsache präsentieren. Vielmehr möchte ich Sie bitten, dass Sie ebenso wie ich Ihre eigenen Beobachtungen anstellen und die nachfolgenden Aussagen selbst verifizieren. Ich bin seit mehr als einem Jahrzehnt Beraterin auf dem Gebiet des Feng Shui und sowohl ich, als auch meine Meister, die mich die Kunst und Praxis des Feng Shui lehrten, haben die Beobachtung gemacht, dass nicht nur fehlende Grundstücksecken, sondern auch fehlende Hausecken oder Fehlbereiche von Räumen Auswirkungen auf die Leistungsfähigkeit von Menschen haben. Ganzheitlich gesehen ist der Gebäudekörper ein Organismus. Fehlt ihm ein Teil, so kann der »Organismus« nicht funktionieren. Ergänzen Sie die Fehlbereiche durch Lichtquellen im Äußeren und im Inneren durch Spiegel an den Wänden zum Fehlbereich hin.

Nachfolgend können Sie die Auswirkung von Fehlbereichen im Hinblick auf die entsprechenden Himmelsrichtungen sehen.

Fehlbereich im Norden

Sollte der Norden im Gebäude oder Raum fehlen, das heißt, eine Ecke des Raumes ist nicht vollständig, dann kann es durchaus sein, dass die Mitarbeiter mit der Erfüllung ihrer alltäglichen Aufgaben, der Routinearbeiten nicht vorankommen.

Fehlbereich im Nordosten

Der Nordosten hat eine sehr ruhende Energie. Hier kann man in Ruhe nachdenken, Erkenntnisse gewinnen und auf die innere Stimme hören. Wissen und Weisheit sind der Himmelsrichtung Nordosten zugeschrieben. Hier wäre eine Bibliothek oder ein Rückzugsraum für die Mitarbeiter günstig. Wissen sammeln und sich danach auszurichten, das ist die Energie dieser Richtung. Fehlt dieser Bereich, so kann es Spannungen geben zwischen den Kollegen und an Ruhe und Frieden im Mitarbeiterkreis mangeln. Die Mitarbeiter könnten es schwer haben, ihre Leistung weiter zu verbessern.

Fehlbereich im Osten

Fehlt der Bereich des Ostens, so könnte der Krankenstand der Mitarbeiter hoch sein.

Fehlbereich im Südosten

Fehlt der Südosten, so könnte dies Probleme finanzieller Art geben. Das betrifft die Mitarbeiter mitunter genauso wie die Firma im Besonderen.

Fehlbereich im Süden

Der Südbereich steht mit Wärme, Ausstrahlung, Freude und Selbstbewusstsein in Verbindung. So wie die Sonne am Mittag ihren höchsten Stand des Tages erreicht hat, so sind Ruhm und Anerkennung die Energie des Südens.

Fehlt der Süden, so könnte Mobbing ein betriebliches Thema sein. Auch mangelnde Begeisterungsfähigkeit und das Gefühl, dass Leistungen nicht anerkannt und die Mitarbeiter nicht genügend gewürdigt werden, könnten die Folge sein. Imageprobleme, Klatsch und Tratsch halten Einzug im Büro.

Fehlbereich im Südwesten

Fehlt der Südwesten, so lassen häufig die Zusammenarbeit und der Umgangston untereinander zu wünschen übrig.

Fehlbereich im Westen

Ein Fehlbereich im Westen bringt oft Probleme mit dem Nachwuchs. Wenn beispielsweise die Kinder den elterlichen Betrieb übernehmen sollen, so ist ihre Bereitschaft dazu häufig sehr gering.

Fehlbereich im Nordwesten

Wenn der Nordwesten fehlt, dann mangelt es häufig an Unterstützung seitens des Firmeninhabers oder der Firma.

34

Erfolgreiche Arbeitsrichtungen

Apropos Richtung! Dass sich Lage, Umfeld und Gestaltung des Arbeitsraumes auf die Leistung auswirken können, liegt nahe. Im holistischen Denken von Feng Shui ist es ratsam, sich mit den Kräften des Himmels – den Himmelsrichtungen – in Einklang zu bringen. Jeder hat entsprechend seines Geburtsjahres Richtungen, die ihm Kraft bringen oder diese entziehen.

Spontan würden Sie sich immer das Büro aussuchen, das in Ihrer besten Himmelsrichtung liegt. Nutzen Sie günstige Richtungen für Sitz- und Blickpositionen, denn so ist es möglich, die Arbeitsleistung und die Kreativität zu steigern und lustvoller an die Arbeit zu gehen.

Ich kam in Zusammenhang mit meiner Beratungstätigkeit nach Bergisch-Gladbach in eine Zahnarztpraxis. Die Ärztin sagte mir, dass sie sich in den Rohbau gestellt und ganz genau ihren Raum gefühlt hätte. Aber den Raum, den sie für sich selbst als besonders empfunden hatte, bekam sie nicht. Ihr Mann und der Architekt hatten ein anderes Konzept. Sie stellte ihre Gefühle diesem hinten an. Das Fazit war, dass sie gar nicht gern in ihrem Raum war und die Arbeitsstunden dort auf das Allernötigste beschränkte. Das brachte ihr zunehmend mehr Frust ein. Als wir gemeinsam ihre Ming-Kwa-Zahl betrachteten, war klar, dass der Raum, den sie sich zuerst, ganz spontan, erwählt hatte, auch in der Tat der richtige Raum für sie war. In diesem fühlte sie sich dann auch richtig wohl. Den meisten geht es dann wie inzwischen auch ihr, dass sie gern noch ein Stündchen länger dort verweilen, weil der Raum ihnen ein gutes Energie-Potenzial vermittelt.

Schauen Sie Ihre Ming-Kwa-Zahl nach (Seite 62) und ermitteln Sie Ihre besten Richtungen – die erstbeste Arbeitsrichtung, die zweit-, dritt- und viertbeste Richtung!

Ming Kwa 1
Südosten, Süden, Osten, Norden

Ming Kwa 2
Nordosten, Nordwesten, Westen, Südwesten

Ming Kwa 3
Süden, Südosten, Norden, Osten

Ming Kwa 4
Norden, Osten, Süden, Südosten

Ming Kwa 6
Westen, Südwesten, Nordosten, Nordwesten

Ming Kwa 7
Nordwesten, Nordosten, Südwesten, Westen

Ming Kwa 8
Südwesten, Westen, Nordwesten, Nordosten

Ming Kwa 9
Osten, Süden, Südosten, Süden

(siehe auch Tabelle Seite 63)

Für Sie und jeden Ihrer Kollegen oder Mitarbeiter zeigt die Ming Kwa die Richtungen an, die den persönlichen Fluss von Energie unterstützen und den Zugang zum eigenen Leistungspotenzial erheblich steigern.

Wenn wir die besten Himmelsrichtungen für Ihr Büro ermittelt haben, ist Ihre Sitzposition innerhalb desselben natürlich noch von Bedeutung. Denn hier sollten Sie nicht nur in eine Ihrer guten Richtungen sitzen, Sie sollten sich auch mit dem Rücken zur Wand befinden.

35

Yin und Yang in Harmonie

Yin und Yang drücken Balance und Harmonie aus. Auf den Tag folgt die Nacht und umgekehrt. Die Jahreszeiten wandeln sich von kälteren zu wärmeren. So wie es Plus und Minus gibt, sind sich auch Yin und Yang entgegengesetzt. Im Wechselspiel der Dualitäten liegt Harmonie.

Wenn Räume, Geschäfte und Firmenareale ein ausgewogenes Verhältnis beider Energieformen aufweisen und die weiblichen Yin-Energien und männlichen Yang-Energien ausbalanciert sind, dann wirkt sich dies auf den Teamgeist, die Arbeitsmoral und die Erfolgsentwicklung positiv aus. Am besten kann man Yin und Yang analysieren, indem man den Helligkeitsgrad, die Formen, Farben, Materialien und Arbeitsabläufe analysiert.

Bei einem Yang-Überschuss werden Spontaneität und Aktivität unterstützt. Bei einem Überschuss an Yin-Energie wird das Tempo gedrosselt und die Aktivität im Zaum gehalten. Kein Wunder also, dass Yin und Yang Auswirkungen auf unser Leben und die Gesundheit haben. Um dem Erfolg nachzuhelfen, muss zunächst auch eine Ausgewogenheit von Yin und Yang herrschen. Deshalb vergleichen Sie nachfolgend:

- Wechseln sich helle (Yang) und dunkle (Yin) Arbeitsflächen ab?

- Gibt es schattige (Yin) und sonnige (Yang) Bereiche?

- Ist es weder zu warm (Yang) noch zu kalt (Yin) im Raum?

- Wechseln sich matte (Yin) und glänzende (Yang) Flächen ab?

- Gibt es dunkle (Yin) und helle (Yang) Möbel?

- Ist der Boden dunkler (Yin) als die Decke (Yang)?

- Gibt es beispielsweise zu Blautönen (Yin) auch die Komplementärtöne wie Gelb/ Apricot/ Orange (Yang)?

Beispiel eines Yin-Yang-Ensembles:

Zu dem kühlen Yin-Ambiente kommt das warme Rot der Wand.

Yin erzeugen Sie auch, wenn Sie sitzen, Stehen ist Yang. Wenn Sie beispielsweise zwischen Sitzen und Stehen abwechseln, dann schaffen Sie eine Balance zwischen Yin und Yang.

36

Das Chefbüro

Wer den Asiaten Glauben schenken mag, weiß, dass das Glück eines Unternehmens auch von einem guten Standort des Geschäftsführers oder Firmeninhabers abhängig ist. Wer Autorität erlangen möchte, sollte ein Eckbüro wählen, das am weitesten vom Haupteingang entfernt ist, dennoch aber nicht in der letzten Ecke liegt. Ein Marketingunternehmer in Los Angeles hatte beispielsweise erst seinen Streit mit einem Geschäftspartner bereinigen können, nachdem er ein Eckbüro bezogen hatte. Streit kann auch ein Büro fördern, das nur über einen langen Flur und im Zickzack zu erreichen ist.

Wer einen verantwortlichen Posten hat, sollte ein großes Büro besitzen. Ist es groß genug, dann ist neben der Türausrichtung und der Ming-Kwa-Zahl die Beleuchtung das nächste Ziel der Feng Shui-Betrachtungen. Schwache Bürobeleuchtungen sind ein Hauptgrund für Stresssymptome. Sie reduzieren die Leistungsfähigkeit und das effiziente Arbeiten.

Wer Chef ist, kann und sollte Unterstützung aus seinem Umfeld bekommen. Die sicherste Unterstützung ist die, eine hohe und bequeme Stuhllehne zu haben. Beide Arme sollten auf Drache und Tiger, nämlich zwei Armstützen liegen, die das Gefühl der Unterstützung erzeugen. *Last but not least:* Der Rücken braucht eine Wand, um im wahrsten Sinne des Wortes Rückhalt zu bekommen.

Ist der Schreibtisch diagonal von der Tür entfernt, dann hat man die maximale Kraftkontrolle, aber auch Autorität und Konzentration auf seiner Seite. Mit dieser Schreibtischposition erlangt man leichter die Übersicht, Weitsicht und die Geschäfte können expandieren.

Wenn Sie nicht direkt von Ihrem Schreibtisch aus auf außen befindliches Wasser sehen können, so probieren Sie es einmal mit einem Spiegel. Wer fließendes Wasser sieht, hat es nämlich leichter, reich zu werden, und in der Tat, der Anblick von Wasser ist inspirierend und angenehm.

Spiegel eignen sich auch dann, wenn Ihr Büro zu schmal sein sollte oder Sie mit diesem eine Kontrolle über die Ein- und Ausgehenden erreichen möchten. So sind Sie der Kapitän auf Ihrem Schiff.

Der Lektor eines New Yorker Verlages beispielsweise stellte seinen Schreibtisch um, damit er mit dem Rücken zur Wand saß. Er meinte, dass er sich jetzt wesentlich besser als vorher fühle und wurde fünf Monate später zum Cheflektor für Erwachsenenliteratur ernannt. Zufall oder das Ergebnis eines mentalen »Samenkorns«?

Ob Menschen mit Verantwortung und dem Willen eines weiteren Siegeszuges, oder ob es Menschen sind, die lediglich eines wollen – meistens mehr Geld –, Feng Shui kann ein Mosaikstein auf ihrem Weg sein.

Guter Umgang mit dem Chef

Sie möchten mehr Sicherheit im Umgang mit dem Chef erlangen und dazu Ihre Ängste vor bestimmten Situationen abbauen? Dazu hilft natürlich, das Vertrauen in sich selbst zu setzen und zu stärken. Überprüfen Sie Ihr Outfit, Ihr Auftreten und Ihre Sachkompetenz. Feng Shui hat darüber hinaus noch einige Empfehlungen für Sie parat, die Ihnen helfen werden. Wenn Sie möchten, so lade ich Sie ein, dieses Puzzleteil für sich in Ihren Alltag zu integrieren und die Wirkung auszuprobieren. In erster Linie sollten Sie selbst so sitzen, dass Sie Ihren Rücken geschützt haben, also Kraft und Stärke hinter Ihnen liegen. Damit Sie alles unter Kontrolle haben, benötigen Sie die Blickrichtung zur Tür. Damit auch Ihr Einfluss wächst und Sie Gehör erlangen, sollten Sie möglichst in der entferntesten Diagonale des Raumes sitzen, im Energiespotpunkt.

Wenn Sie jetzt den Nordwesten in Ihrem Arbeitszimmer überprüfen, dann wird Ihnen dort Ordnung und Helligkeit helfen. Haben Sie dies erreicht, so empfehlen alte Meister, das Element Metall dort einzubringen, da der Nordwesten dem Bereich der Vorgesetzten und Helfer zugeordnet ist. Ob dies ein Klangspiel mit sechs Röhren ist oder ein metallischer Kunstgegenstand, das bleibt Ihnen und Ihrem Geschmack überlassen. Sobald Sie aber den Bereich Nordwesten aktivieren, verändern Sie auch etwas an der Beziehung zu Ihrem Chef.

Auf Geschäftsreisen

Wer häufig auf Reisen ist, braucht noch lange nicht auf Feng Shui zu verzichten. Denn auch unterwegs benötigt man Unterstützung. Nehmen Sie sich einen Kompass für unterwegs mit, um auch auf Reisen Ihre Schlafrichtung optimal bestimmen zu können. Es lohnt sich in jedem Fall, auch in fremden Betten nach der Himmelsrichtung zu schauen und sich mit dem Kopf Ihrer Ming Kwa entsprechend zu legen. So sind Sie wesentlich ausgeruhter und können dem nächsten Tag beruhigt entgegensehen.

Nutzen Sie auch einmal die Ming Kwa, um aus einer Ihrer günstigen Richtungen zu wichtigen Terminen anzureisen.

So werden Sie erfolgreich sein!

Wer darüber hinaus auch sein inneres Feng Shui in Balance hält und weiß, wann es Zeit ist zum Arbeiten, zum Schlafen und wann es besser ist, zu delegieren, anstatt nur noch zu reagieren, der wird seine Energien gut erhalten. Wer dies zudem mit der richtigen Ernährung, Sport und positiver Gedankenpflege kombiniert, wird gar nicht anders können, als erfolgreich sein.

37

Das Home Office

Der Grundgedanke, dass Arbeiten zu Hause schöner sei als im Büro, ist sicherlich verlockend und wird auch in Zukunft immer mehr Furore machen. Arbeiten in den eigenen vier Wänden spart den morgendlichen Weg zur Arbeit. Zimmerwechsel innerhalb des Hauses bedeutet hier schon, dass man arbeitet. Aber gerade deshalb bedarf es einer klaren Trennung von Arbeits- und Wohnbereichen. Denn sonst könnte die Arbeit ohne Ende sein oder das Wohnen immer an Arbeit denken lassen und die Arbeit an die Freizeit. Wer zu Hause arbeitet, braucht ein gutes Feng Shui und Disziplin.

Beginnen Sie – nach der Morgentoilette, Ihrem Joggingprogramm und den gymnastischen Übungen (Verjüngungsübungen, Tai Chi, Qi Gong oder den Fünf Tibetern) –, indem Sie sich zunächst so kleiden, als ob Sie zur Arbeit gehen würden. Damit steigt Ihre Motivation und Sie setzen deutliche Zeichen, dass Sie nun beginnen. Verzichten Sie auf alle Fälle auf Büroarbeit in Bademantel und Pantoffeln. Wer produktiv arbeiten will, muss runter vom Sofa und ran an den Computer. Auch das Pendeln zwischen Küche und Arbeitszimmer bringt wenig. Konzentration auf das Wesentliche ist auch hier von Vorteil. Was Sie aber tun können, ist, sich Pausen zu gönnen, sich dabei kurz auf den Boden zu legen, den Schultergürtel zu trainieren – und weiter geht's. Das sind Dinge, die Sie sich im Gemeinschaftsbüro mitunter nicht leisten können. Auch das mittägliche Power-Nickerchen ist oft nur zu Hause möglich. Essen Sie leichte Kost, gedünstetes Gemüse, frisches Obst und verzichten Sie weitgehend auf Fett, das müde und die Gedanken träge macht.

Als home-worker benötigen Sie natürlich auch einen Terminkalender, um sich Ihre Zeit einzuteilen. Der Vorteil dieser freien Zeiteinteilung ist natürlich, dass Sie ein Gefühl der Freiheit entwickeln und Ihr eigener Chef sein können.

Wo auch immer Sie diesen Raum zum Arbeiten vorgesehen haben, er sollte sich in einem ruhigen Bereich, nicht so weit abseits des Geschehens befinden. Auch das Home Office muss richtig platziert werden. Ist es im Keller, schwindet oft die Arbeitsmoral. Solcherlei Büros sind nur dann günstig, wenn die untere Etage volles Tageslicht enthält und der Weg zu diesem Raum freundlich gestaltet und gut beleuchtet ist.

Ist das Büro unter dem Dach, dann ist der Weg dorthin meist schon »zu weit«. Und befindet es sich zu nah an der Küche, dann sind Sie mitunter immerzu mit Häppchen beschäftigt. Falls Sie mehrere Ebenen im Haus haben sollten, so eignet sich die Eingangsebene oder die erste Etage. Legen Sie trotz Kindern Ihren Arbeitsraum nicht allzu weit, schon gar nicht in den – wie oben beschrieben – entferntesten Winkel. Am besten ist der Arbeitsplatz zentral platziert, damit Sie stets den Überblick bewahren und gern Ihre Tätigkeit beginnen. Dieser Platz kann durch Schiebewände leicht abgetrennt oder bei Ruhebedürfnis hinter sich geschlossen werden.

Der Grundriss des Büros sollte harmonisch sein, quadratisch, rechteckig oder achteckig. Dreieckige Grundrisse führen zu Streit und Disharmonien.

Sorgen Sie für Ordnung auf dem Schreibtisch und eine gute Ausrichtung mit dem Blick zur Tür und dem Rücken zur Wand.

Wenn Sie den geeigneten Raum für Ihr Arbeiten bestimmen wollen, dann ist es günstig, wenn Sie nach Ihrer Ming-Kwa-Zahl gehen. Gehören Sie beispielsweise zur westlichen Himmelsrichtung, so wären von vornherein für Sie die Richtungen Nordosten, Westen, Südwesten und Nordesten für das Büro günstig. Darüber hinaus sollten Sie Ihren Schreibtisch ebenfalls nach der Ming-Kwa-Zahl ausrichten. So werden Sie erfolgreich agieren können.

Die günstigen Maße für Schreibtische sind beispielsweise 152 cm Länge und 89 cm Breite und 84 cm Höhe. Selbst die Stuhllehne ist in einer Höhe von 109 cm günstig. Armlehnen sind dazu nicht nur komfortabel, sondern auch unterstützend. Wer seinen Schreibtisch nicht aufgeben möchte, kann sich auch nur die Platte neu anfertigen lassen oder die Füße erhöhen. Wo auch dies nicht möglich ist, kann eine Schreibunterlage in günstigen Feng Shui-Maßen positiv wirken. Wer sich des Feng Shui-Maßes von 42,8 cm und einem Vielfachen davon bedient, wird sein Leben begünstigen.

Auch im Home Office ist Balance ein Faktor. Wählen Sie Jalousien, wenn der Raum zu hell sein sollte, und leeren Sie Papierkörbe, Aschenbecher oder Ablagen regelmäßig. Wischen Sie auch die Schreibtischplatte am Tagesende oder am Morgen einmal ab. So muss man alles wegräumen und neu ordnen. Außerdem: Wer abräumt, muss neu sortieren und sichten!

Wer kann, wird gewonnene Zeit der Regeneration seiner eigenen Kräfte widmen, seiner Familie und den Hobbies. Feng Shui sieht alles in einer Balance. Arbeiten und Ruhe müssen zum Wohle der Familie und der Gesundheit Hand in Hand gehen.

Düfte für das Home Office

- **Rosenholz und Lemongras** wirken gegen Müdigkeit.
- **Eukalyptus** wirkt anregend, konzentrationsfördernd und luftreinigend.
- **Latschenkiefer** wirkt nervenstärkend, reinigt die Luft und stärkt das Atmungssystem.
- **Lavendel** vertreibt Stress, Gereiztheit, schlechte Laune, Ärger und Nervosität.
- **Pfefferminze** fördert die Konzentration.
- **Limette** wirkt heiter, antidepressiv und sorgt für Klarheit und Frische.
- **Melisse** wirkt nervenstärkend und entspannend.
- **Narde** wirkt harmonisierend.
- **Palmarosa** stimmt sanftmütig und klärt die Gedanken.
- **Pampelmuse** hebt die Stimmung, wirkt aufbauend und beflügelt das Selbstvertrauen.
- **Pfefferminze** fördert das Gedächtnis und die Konzentration.
- **Mandarine** wirkt aufbauend, erheiternd, inspirierend und löst Gefühle von Trauer und Nervosität.

- **Melisse** löst Anspannung und stärkt die Nerven.

- **Zypresse** – insbesondere vor Prüfungen verwendet – wirkt nervenstärkend und hilft, die Konzentration auf das Wesentliche zu richten.

Wer einmal Grapefruitöl mit einem Tropfen Lavendel in der Duftlampe probiert hat, weiß, dass es motivierend wirkt. Die Arbeitsproduktivität steigt bei geringeren Fehlerquoten, und das Finden von Lösungen geht leichter von der Hand.

Wer darüber hinaus in der kühlen Jahreszeit zu einer heißen, duftenden Tasse Tee greift, schafft Dufterlebnisse und innere Ausgeglichenheit. Gerade auf der Führungsebene geht es darum, den Blutdruck zu senken, da man ja unter Druck steht. Sorgen Sie für einen Ausgleich zum Stress.

Nehmen Sie sich Zeit für eine gute Tasse Tee und vergessen Sie für ein paar Momente Ihres Lebens alles um sich herum. Wer interessantes Teegeschirr hat und nicht auf Stövchen und zeremonielles Beiwerk verzichtet, wird für eine feinfühlige Art von Kommunikation sorgen. Gespräche werden einerseits leichter, aber auch feiner und sensibler.

38

Pflanzen, die die Büroarbeit unterstützen

Pflanzen sollten in keinem Büro fehlen, egal wie groß oder klein diese sein mögen. Sind nicht gerade die Pflanzen unser Mittler nach draußen zur Natur? Ursprünglich waren wir Jäger und Sammler und hielten uns hauptsächlich in der Natur auf. Heute wird der unmittelbare Bezug zur Natur immer geringer. Ja, laut Statistik ist sogar jeder Bürger durchschnittlich nur noch zwanzig Minuten pro Tag an der frischen Luft! Dies ist insbesondere bei Menschen, die im Büro arbeiten, nachzuvollziehen, insbesondere dann, wenn man mit dem geliebten Auto zur Arbeit fährt.

Im Feng Shui-Denken gehören die Pflanzen zum Element Holz, das Wachstum und Gedeihen ausdrückt. Wenn auch Ihre Pflanzen im Büro Frische und Wachstum ausstrahlen, dann haben Sie die positiven Holz-Kräfte als Wirkkraft an Ihrer Seite. Sie geben Ihnen Inspiration, Ruhe und innere Gelassenheit. Manche Pflanzen wirken harmonisierend auf die Nerven, andere aktivieren und fördern Kreativität und Spontaneität.

Lassen Sie mich Ihnen nachfolgend einige Pflanzen aufführen, die Sie in Ihrem Büro wirkungsvoll einsetzen können.

- Das **Alpenveilchen** tröstet Menschen und gibt ihnen das Gefühl geliebt zu werden.
- Die **Azalee** schenkt Freude, Ruhe und Nervenstärke.
- Das **Bubiköpfchen** inspiriert und eignet sich besonders bei geistiger Festgefahrenheit.
- **Efeu** stimmt belebend, stärkt die Durchsetzungskraft von Projekten und ist impulsgebend.
- Die **Efeutute** ist ausgleichend und harmonisierend für kopflastige Menschen.
- Der **Elefantenfuß** hilft bei Rechthaberei und Starrsinn, verzeihend und nachgiebiger zu werden.
- Die **Flamingoblume** hilft introvertierten Menschen, sich selbst mehr wahrzunehmen und reinigt die Luft obendrein von Schadstoffen.
- Das **Frauenhaar** verhilft zu zielgerichtetem Denken und Handeln.
- Der **Geldbaum** heitert auf und fördert die Extrovertiertheit sonst meist verschlossener Menschen.
- Die **Grünlilie** verleiht neue Energie in festgefahrenen Situationen.
- Die **Hortensie** fördert Kreativität und Spontaneität.

- Der **Hirschgeweihfarn** fördert die Kommunikationsfähigkeit.
- **Jasmin** wirkt anregend und fördert die Freude an der Begegnung mit anderen Menschen.
- Der **Judenbart** unterstützt Menschen, sich in ein Kollektiv hineinzudenken und die Strukturen und komplexen Zusammenhänge zu erkennen.
- Die **Leuchterblume** gibt Ruhe und Gelassenheit.
- Die **Nerine** wirkt aktivierend, energetisierend und unterstützt die Schaffenskraft bei monotonen Arbeiten.
- Die **Tolmiea** ist eine Pflanze, die Optimismus versprüht und neue Impulse setzt.
- Der **Philodendron** verleiht frische Energie und hilft, in verfahrenen Situationen klarer zu sehen. Auch diese Pflanze baut Schadstoffe ab!
- Der **Schwertfarn** wirkt harmonisierend auf das gesamte Nervensystem und baut Schadstoffe wie Xylol und Toluol ab.
- Die **Strahlenaralie** ist ausgezeichnet für Großraumbüros geeignet oder überall dort, wo mehrere Menschen zusammenkommen.
- Der **Zimmerwein** feuert an und unterstützt Menschen bei ihren Routinearbeiten.
- Der **Zierspargel** aktiviert all das, was in Fluss kommen soll und hat sich als unterstützende Pflanze zur Problemlösung bewährt.
- Der **Zimmerbambus** unterstützt das Durchsetzungsvermögen und steht für Flexibilität und Härte gleichermaßen.

39

Check-up fürs Büro

1. Schritt: die Adresse

Wie lautet die Adresse?

Wie klingen Stadt- und Straßennamen?

Erfolgreiche Unternehmen haben wohlklingende Adressen. Auf den Parfümflaschen beispielsweise werden Sie oft *Paris, New York und Rom* entdecken. Große Städtenamen für große Parfüms!

2. Schritt: die Hausnummer

Welche Hausnummer hat Ihr Unternehmen? Sie sollten keine Hausnummer 4, 14, 24 oder 44 gewählt haben. Die Vier gilt als äußerst ungünstiges Feng Shui. Harte Arbeit und Missverständnisse könnten die Folge sein. Nehmen Sie die Zahl optisch zurück oder kreisen Sie diese beispielsweise mit einem Metallring ein. Überprüfen Sie diesbezüglich auch gleich die Konto,- Telefon- und Autonummern. Auch hier sollten Sie die Glückszahlen verwenden, die Ihnen Erfolg bescheren. Die Zahlen 8 und 9 sind weltweit die erfolgreichsten.

3. Schritt: die Lage

Wie ist die Lage des Büros?

Wenn Sie keinen direkten Kundenkontakt haben, dann kann sich das Büro in zweiter Reihe, am Stadtrand oder in oberen Etagen befinden.

4. Schritt: der Eingang

Wie ist der Weg zum Eingang? Ein gewundener oder gebogener Weg ist besser als ein gerader Zuweg.

Prüfen Sie die Beleuchtung. Blendet das Licht? Sind Bewegungsmelder vorhanden? Könnten mehr Lichtquellen angebracht werden?

Prüfen Sie den Sitz des Firmenschildes.

Wie wirkt der Firmenname? Geht er im Gesamtgefüge der Fassade unter oder hängt er zu hoch?

Ist irgendein Verfallsanzeichen am Eingang? Dann sofort entfernen, sonst stagnieren die Geschäfte.

Gibt es Pflanzen am Eingang und/ oder Wasser, um das Chi anzuheben?

Welche Farbe hat der Eingang?

Welches lichte Türmaß hat die Eingangstür?

Überprüfen Sie die Leichtgängigkeit der Tür.

Wie riecht es im Rauminneren?

5. Schritt: die Himmelsrichtung

Legen Sie die Gradzahl Ihres Eingangs fest. Verwenden Sie dazu drei Messungen, um die Ausrichtung Ihres Gebäudes feststellen zu können. Tragen Sie daraufhin in den Grundrissplan die Himmelsrichtungen ein. Sitzen Sie in der richtigen Himmelsrichtung? Vergleichen Sie zusätzlich die Tätigkeitsfelder hinsichtlich der Himmelsrichtungen und ihrer Bedeutungen. Vielleicht können Sie daraufhin die Nutzung der Räumlichkeiten ändern?

6. Schritt: der Treppenaufgang

Wenn es einen Treppenaufgang gibt, wie ist dieser gestaltet? Welche Gerüche, Lichtsituation und Wegführung existieren hier? Gibt es Bilder oder Accessoires, die zum Büroeingang thematisch hinleiten?

7. Schritt: die Bürotür

Wie empfinden Sie die Bürotür?
Wie klingt der Ton der Klingelanlage?
Ist die Umgebung hell und einladend?

8. Schritt: der Empfang

Gibt es einen Empfang?
Sind die Empfangsdamen freundlich?
Wo fällt der erste Blick hin?
Gibt es Verweilareale, wo sich Chi und damit Menschen gern einfinden?

9. Schritt: der Wartebereich

Prüfen Sie, wenn vorhanden, den Wartebereich: Wie ist er gestaltet, wie sind Temperatur, Farbe und Stuhlsituation?
Werden dort Getränke, Vitamine, Knabbereien etc. angeboten? Gibt es eine Besucherkartei mit Geburtsdaten und vermerkten besonderen Wünschen der Klientel?

10. Schritt: die Ming-Kwa-Zahl

Tragen Sie jetzt die Elemente der Himmelsrichtungen in den Plan ein.
Vergleichen Sie das Element Ihrer Ming-Kwa-Zahl mit dem Element des Raumes. Gleichen Sie den Raum im Sinne der Harmonie mit Farben und Bodenmaterialien aus.

11. Schritt: das Chefbüro

Wie ist das Chefbüro gelegen und eingerichtet?
Ist es groß und hell?
Ist die Himmelsrichtung passend zur Ming-Kwa-Zahl des Chefs?
Welche Farben braucht welcher Raum?

12. Schritt: die Rückendeckung

Überprüfen Sie in jedem Raum die Rückendeckung und Blickrichtung der Sitzplätze.

13. Schritt: die Schreibtischmaße

Überprüfen Sie die Schreibtischmaße.

14. Schritt: die Temperatur

Temperieren Sie den Raum richtig und wählen Sie eventuell einen Sonnenschutz.

15. Schritt: Freiraum schaffen

Entfernen Sie überflüssige Dekorationen.

16. Schritt: das Chi des Raumes

Heben Sie das Chi an. Das kann mit Wasserbrunnen, Pflanzen, Bildern, Düften, Spiegeln oder anderen Accessoires geschehen.

17. Schritt: das Logo

Überprüfen Sie zum Abschluss das Briefpapier, die Visitenkarten und die Werbemittel.

40

Feng Shui für Geschäftsinhaber

Beachten Sie, dass Sie auf der rückwärtigen Gebäudeseite vom Eingang ein höheres Haus, einen Berg, Wald oder eine hohe Mauer haben. Im Feng Shui wird dies als gute *Schildkrötenlage* bezeichnet. Ist dies der Fall, dann werden die Geschäfte gut laufen und das Unternehmen kann Rücklagen bilden.

Auf der rechten Seite Ihres Geschäftsgebäudes sollte sich der *grüne Drache* befinden. Das heißt, dass diese Seite tatsächlich begrünt sein sollte. Stellen Sie beispielsweise eine große Blumenschale rechtsseitig vom Eingang auf.

Hohe Bäume zur Rechten, eine Parkanlage oder ein höheres Gebäude können symbolisch den Drachen, die Yang-Energie verkörpern. Dies bedeutet viel Glück und Einfluss und steigende Umsätze.

Zur linken Seite sollte das Yin-Prinzip, der so genannte *Tiger*, sichtbar werden. In der Landschaft sind das niedrigere Hügel, in der Stadt niedrigere Gebäude zur Linken der Eingangsseite.

Wenn sich vor dem Eingang ein so genannter Min-Tang-Bereich befindet, das heißt ein Vorplatz, der frei und offen gestaltet ist, dann ist dies der Sammelplatz für wohlwollendes Chi.

An Stellen, wo sich das Chi sammelt, fühlen sich auch potenzielle Kunden eingeladen, näherzutreten und zu verweilen.

Auf einem solchen Vorplatz können üppig blühende Blumen, Springbrunnen, Bänke, Bäume u.ä. sein. Die dadurch geschaffene Atmosphäre ist besonders verlockend und kurbelt die Geschäfte an.

Der Eingang

Groß soll er sein, hell und licht, leicht erkennbar und unverwechselbar. Wer allerdings die horizontalen Linien am Eingang betont, sagt »Nein, komm nicht herein«. Wer die Vertikale betont, sagt »Ja«, der Eingang wirkt ansprechend.

Wenn eine Straße auf einen Geschäftseingang zuführt, kann man sich dagegen erfolgreich mit der Farbe Rot zur Wehr setzen, denn sie ist die Farbe des Lebens und des Glücks. Strahlen Straßenlampen tief in das Ladeninnere hinein, schützt man den unteren Teil der Tür.

Oder der Weg zu einem Hotel erstreckt sich über eine Zugbrücke, die über einen angelegten Wasserdrachen führt. Es handelt sich um ein vollkommen unübliches Hotel mit Erlebnisbereichen der besonderen Art. Der angelegte Wasserdrache trägt aus Feng Shui-Sicht dazu bei, das Chi um das Gebäude herum zirkulieren zu lassen.

Der Eingang der Firma sollte betont sein. Blockieren Sie sich den Eingang allerdings nicht durch Autos und beleuchten Sie ihn am Abend gut, damit er mehr Yang-Energie gewinnt.

Palmen stehen am Eingang, getragen von Wasser und Licht für Yang-Energie. Die Rolltreppen tragen den Eintretenden in den Empfangsbereich nach oben. Dies geschieht fast unbemerkt, aber sehr wirksam durch die Kraft der Elemente.

Fragen Sie sich, ob man auch am Tag erkennt, dass das Geschäft geöffnet ist.

Sind Sie leicht zu finden?

Ist Ihre Reklame von weitem bei Tag und bei Nacht zu erkennen? (Oder nur für Leute, die sich bereits auskennen?)

Ist Ihr Eingang frisch, einladend, willkommen heißend und öffnet im übertragenen Sinne weit die Arme für Besucher?

Was für ein lichtes Maß hat Ihre Eingangstür? Die Maße sind Informationen und wirken auf den Eintretenden.

Ermitteln Sie die Maße und vergleichen Sie sie mit der Tabelle der Feng Shui-Maße, ob sie harmonisch sind oder nicht, um sie evtl. noch einmal zu korrigieren.

Vermeiden Sie Anzeichen des Verfalls. Es kann natürlich sein, dass ein Fußabstreifer am Eingang Überholungsbedarf hat, oder der Putz von der Wand abbröckelt – korrigieren Sie diese Verfallsanzeichen gegebenenfalls.

Der Laden sollte so aufgebaut sein, dass er nicht vom Schaufenster aus einsehbar ist. Bauen Sie das Schaufenster wie folgt auf: Ein Blick in den Laden signalisiert dem potenziellen Kunden, ob er willkommen ist oder nicht. Der Verkäufer, der hinter der Theke hervorlugt und liest, signalisiert: Du störst mich!

Unaufdringliche Verkäufer, die nach etwa einer Minute den sich um Hilfe umschauenden Kunden ansprechen, sind allemal besser als diejenigen, die ein aggressives Feng Shui bilden und den Kunden beim Betreten des Geschäftes »überfallen«. Ermutigen Sie durch Nichtstun, durch Gelassenheit dem Kunden, sich umzuschauen. Bieten Sie ihm lieber etwas zu trinken an, einen Katalog, das Neueste vom Neuesten, und lassen Sie ihn dann in Ruhe walten. So fühlt er sich betreut und Sie nehmen Angriff, Gegenwehr, Abwehr und Aggression – also den Wind aus dem Segel, und der Kunde fühlt sich noch dazu umsorgt und wertgeschätzt.

Die Menschen, die sich in großen Kaufhäusern unwohl fühlen, sind diejenigen, die nach etwa einer Minute keinen Ansprechpartner sehen oder selbst durch intensives Suchen keinen finden!

Schaufenstergestaltung

- **Das Prinzip einer ausgewogenen Schaufenster-Dekoration ist: Die zu gestaltende Schaufensterfläche in drei Teile einteilen, den linken Teil niedriger als den rechten dekorieren und die Mitte zwischen beiden Teilen in der Höhe betonen.**

Das entspricht im asiatischen Denken dem Prinzip von Yang, rechts, und Yin, links, oder wie man im Feng Shui sagen könnte: Die rechte Seite entspricht dem Bild eines Drachen, die Dekoration ist in der Betonung der Vertikalen zu sehen. Die linke Seite ist symbolisch mit einem sich in Ruhe befindenden Tiger vergleichbar und die Dekoration wird deshalb auch die Horizontale betonen. Die Mitte zwischen beiden ist im Idealfall der höchste Punkt. Man nennt

ihn auch die Perle, die aus der Vereinigung von weiblichen und männlichen Anteilen, oder Tiger und Drache entsteht. Die Perle bringt Reichtum und Glück. Wer die Mitte seines Schaufensters hoch aufbaut und eine »Perle« erzeugt, hat das Glück auf seiner Seite.

Wer gut funktionierende Unternehmen analysiert, die erfolgreich agieren, erkennt sehr schnell, dass sie entweder einen ausgezeichneten Feng Shui-Experten an ihrer Seite hatten oder ein gutes Gefühl für den Interieur-Erfolgs-Faktor.

Wegführung durch das Geschäft

Schauen Sie sich gelungene Wegführungen durch ein Geschäft an. Auf diesen Bahnen bewegen sich Menschen am liebsten. Sie folgen so intuitiv dem Chi der Wege ihres eigenen Körpers, welches sich auf gewundenen Bahnen, den Meridianen, durch den Körper bewegt.

Muster des gewundenen Weges als Mosaikarbeit im Bodenbelag oder in Teppichform bieten die Möglichkeit, einen Weg in das Geschäft hinein zu öffnen.

Wege werden günstigenfalls so gelegt, dass entlang der roten Markierung ein gewundener Pfad den Fehlbereich ergänzt.

Sehen Sie nachfolgend im Beispiel eines Supermarktes, wie sich Chi (rechts) günstigenfalls durch den Raum bewegt und so florierende Geschäfte mit Feng Shui-Strategien entstehen können.

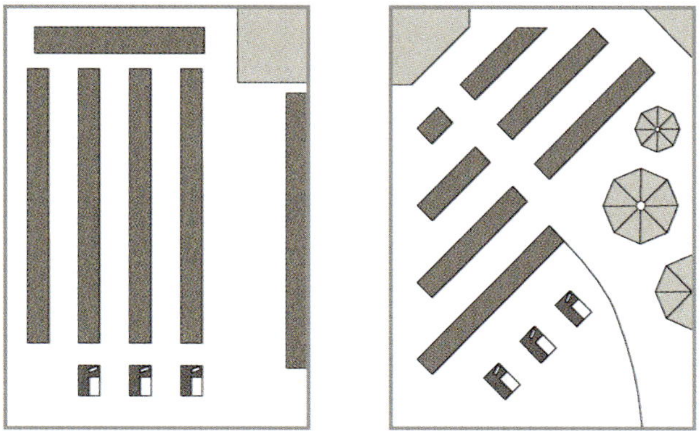

Ein Wort zum Thema Licht

Die Lichtsituation außen wie innen hat maßgebliche Einwirkung auf die Anziehung von Kunden und das Wohlgefühl der im Geschäft wirkenden Kollegen und Mitarbeiter, aber auch der Kunden.

Feng Shui-Regeln schlagen vor, mit Yin- wie auch Yang-Licht zu agieren. Das bedeutet, dass helle, nicht blendende Areale sich mit sanft beleuchteten abwechseln.

Kassenposition

Vermeiden Sie, direkt gegenüber dem Eingang Ihre Kasse zu positionieren. Zu dieser Linie lautet der Spruch der Chinesen übersetzt etwa wie das deutsche Sprichwort: Wie gewonnen, so zerronnen, denn der »Holzpfeil-Angriff«, der von der Tür ausgeht, stört nicht nur die Kassierer, er entspricht auch der »Habicht-Stellung« gegenüber dem Kunden und sie trauen sich so nicht in das Geschäft. Ist Ihnen schon einmal aufgefallen, dass in kleinen Geschäften, sobald ein paar Kunden da sind, noch mehr Kunden hinzukommen? Die Antwort ist ganz einfach: Der zur Tür hereinblickende Kunde möchte nicht gern im Mittelpunkt stehen, wenn er nicht gezielt weiß, was er will. Sind mehrere Menschen im Laden, so weiß er, dass die Verkäufer abgelenkt sind und er seine Ruhe hat.

Andernfalls kann er nicht ungestört wühlen und schauen dürfen. Er fühlt sich wie kleinen Pfeilen, Angriffen ausgeliefert, die vom Personal ausgehen.

Temperaturen

Die Temperatur sollte der Art des Verkaufs entsprechen. Das ist ein wichtiger und nicht zu unterschätzender Punkt. Empfindet der warm angezogene Kunde im Winter den Verkaufsraum als nicht zu warm, so fühlt er sich wohl, wohingegen er sich im Sommer in einem kühlen Ambiente wohl fühlen wird.

Die Farben fürs Geschäft

Bedienen Sie sich der lebhaften Farben. Wenn es sich um Geschäfte handelt, die ausschließlich Produkte für die Schönheit von Frauen anbieten, dann wählen Sie apricot. Handelt es sich eher um Kinderläden, dann wählen Sie Pastell. Für Schulen sind kräftiges Grün, Blau, Purpur und gelbe Farbgebungen harmonisch (wenn wir einmal die Schule als Unternehmen betrachten wollen).

Ob Sie sich für die Farbe des Sommers Rot, oder die Farbe Gelb des Spätsommers entscheiden, entnehmen Sie bitte Ihrem Gefühl und den nachfolgenden Empfehlungen. Vermeiden Sie Schwarz und Braun, es sei denn, dass es sich um ein Nachtlokal handeln würde.

Weiße Läden sind kaum zu empfehlen, da weiß mit traurigen Geschäften in Verbindung gebracht wird, bis hin zum Geschäftsuntergang. Aber auch hier gilt, handelt es sich um Arztpraxen, dann ist Weiß die Hauptfarbgebung der Wahl.

Rot, Grün, Blau, Gelb und Weiß sind die Grundfarben des Fünf-Elementen-Kreises. Alle anderen Farben sind Gegen- und Zuspieler dieser Farben. Die Farben Rot, Blau-Grün und Gelb allein zu benutzen wäre eine zu starke Energie für das Innere des Geschäftes. Wenn Sie jedoch anregende Energien benötigen, so können Sie auch Komplementärfarben wie Rot-Grün, Blau-Orange, Lila-Gelb wählen. In gedämpfter Form können Kontraste selbst für den Konservativsten ein gutes Feng Shui ausmachen.

Im Sommer bestimmen helle, frische, leuchtende, kühle Farben den Verkauf. Im Winter, und gerade zur Weihnachtszeit, sind es kräftige, dunkle und warme Töne. Wenn Sie sich mit dem Strom der Möglichkeiten bewegen, dann geschieht dies im Einklang mit diesen jahreszeitlichen Wechselspielen, ob es sich um die Dekoration des Eingangs, des Empfangs oder der Laufzonen handelt.

Grün für die Geschäftsräume

Die grüne Farbe eignet sich besonders für Räume, die in den Himmelsrichtungen Osten oder Südosten liegen. Grün steht in jeglicher Beziehung zu Wachstum, es vermittelt Kühle und Ruhe. Hellgrün, insbesondere Lindgrün sind die Farben des Frühlings, des Wachstums und Gedeihens.

Die Werbung verwendet Grün in erster Linie, um gesunde Naturprodukte zu vermarkten und Frische zu vermitteln. Dunkles Grün wirkt ruhig und mittig. Es erinnert an eine große Wiese nach einem satten Regen, an Urlaub und Entspannung.

Blau für die Geschäftsräume

Sollten Sie Blau für Ihre Werbeprodukte verwenden, so sollten Sie wissen, dass mit Blau kreative Ideen ins Auge springen, wie beispielsweise bei der Camel-Werbung.

Natürliche Produkte wie Schafwolle stehen in starkem Kontrast zum Blau. In Verbindung mit der Schafwolle wirkt aber auch künstliches Blau natürlich.

Blau ist die Farbe des Nordens, der Dunkelheit, der Nacht. Deshalb eignet sie sich auch sehr gut für Bars, Diskotheken und Abendlokale, aber auch für Meditationsräume und Wellnessoasen.

In diesem Beispiel eines Zuganges zum Badebereich passt das Blau ganz ideal. Die gelben Monde und Sterne geben zum ruhigen Blau etwas Yang-Kontrast und beleben es damit auf harmonische Weise.

Natürlich bestimmt die Art des Business in erster Linie die Farbe. Deshalb nimmt man auch für Schiffswerften blaue Kräne und Zubringer.

Blau ist eine Yin-Farbe und darf nicht übermäßig angewendet werden. Mit ihr sinkt die Körpertemperatur. Nutzen Sie Blau als Komplementärfarbe zu Gelb.

Schmale Räume können mit hellem Blau um ein Viertel erweitert werden! Enge Flure eignen sich deshalb am besten für diese Farbe. Kommt zum hellen Blau noch der gekonnte Einsatz von Spiegeln hinzu, ist für Ihre Geschäftspartner beim nächsten Besuch Ihr Business nicht wiederzuerkennen.

Gelb in den Geschäftsräumen

Gelb ist die Farbe des Elementes Erde und eignet sich für südwestwärts gelegene Räume. Das helle Gelb erinnert an hell glänzendes Gold und die Mittagssonne. Die Gedanken hellen sich auf und klären sich. So eignet sich diese Farbe sehr gut für Arbeitsräume.

Hohe Bäume vor den Fenstern und die Souterrainlage können es nötig machen, Gelb als Lichtbringer zu nutzen. Das helle Gelb ist eine Yangfarbe. Ein guter Ausgleich für dunkle Räume.

Duft in Geschäftsräumen

Der Geruch im Raum entscheidet auch, ob der Kunde verweilen möchte oder die Flucht ergreift. Einmal abgesehen von ätzenden und muffligen Gerüchen, die gewiss den Umsatz nicht ankurbeln, sollte es frisch und je nach Geschäft und Jahreszeit entsprechend duften.

Die Nase möchte ebenso verwöhnt werden wie das Auge und der Temperatursinn. Ob sich Goethe vom Duft der Speisekammer im Haus am Hirschgraben zu seinem Faust inspirieren ließ, oder ob Schiller durch den Geruch von Äpfeln zum Dichten angeregt wurde – der Duft ist schon in seiner Wirkung im ersten Buch Moses erwähnt. Mit ihm stehen Sympathie oder Antipathie fest, ebenso, ob man einen Laden mag oder nicht!

Mit dem richtigen Geruch können Hemmschwellen, ein Geschäft zu betreten, überwunden und die Begegnung von Mensch zu Mensch erleichtert werden.

Die Firma Vap dór, die Raumbeduftung in großem Stil vornimmt, hat bei einer Warenhaus-Gruppe Raumbeduftung vorgenommen und darüber psychographische Befunde erhoben. So wurden beduftete Einkaufsstätten zu einem großen Anteil als angenehmer empfunden als unbeduftete. Selbst die Freundlichkeit der Mitarbeiter nahm um 39 Prozent zu, die Kompetenz der Mitarbeiter wurde von Kunden sogar um 58 Prozent höher angesiedelt. Auch die Warenpräsentation wirkte um 55 Prozent höherwertiger und das Preis-Leistungsverhältnis wurde um 11 Prozent günstiger angesehen. Selbst der Umfang des Serviceangebotes wurde in bedufteten Arealen um 89 Prozent besser angesehen. Was sagen Sie dazu? Feng Shui setzt gerade hier erfolgreich an, oder was meinen Sie steht einer Beduftung Ihrer Räumlichkeiten jetzt noch im Wege?

Das Ergebnis einer Feldstudie von Dr. Anja Stöhr von der Universität Paderborn aus dem

Weiß in den Geschäftsräumen

Weiße Räume wirken clean und sind in jeder Hinsicht steril. Reines Weiß allerdings lässt die Augen schnell ermüden. Wer ein Zahnlabor besitzt oder ein anderes Geschäft, wo Hygiene im Vordergrund steht, sollte Weiß in erster Linie bevorzugen. Damit aber nicht nur ein Element überwiegt, müssen zum Weiß durch die Bilderwahl noch Rot und Gelb, Blau durch Wasserobjekte und durch Pflanzen die Farbe Grün hinzukommen, um den Kreislauf der Elemente zu schließen.

Jahr 1998 besagt, dass durch Raumbeduftung in einem Sport-Geschäft der Umsatz um 6 Prozent erhöht werden konnte und die Kunden um 18 Prozent länger verweilten. Auch Dr. A.R. Hirsch von der Smell and Taste Treatment Research Foundation, Chicago, hat 1990 in einer Feldstudie ähnliche Ergebnisse erzielt. Er fand heraus, dass eine Schuhabteilung mit Duft um 10 Prozent teurer eingeschätzt wurde, dennoch aber 84 Prozent der Testpersonen in diesem Raum kaufen wollten!

Das Beste ist uns gerade gut genug für unsere Kunden! Der rote Faden sollte deshalb auch nicht vor den Lagerräumen, Büros oder Toiletten halt machen. Der Kunde und das Personal haben Gutes verdient.

Ich habe diesbezüglich gelernt: »Gibst du Gutes, bekommst du Gutes tausendfach zurück!«

Das Tai Chi

Wer das Zentrum eines Geschäftes betont, zählt in jedem Fall zu den Erfolgreichen. Innerhalb eines Supermarktes ist hier mit Licht, einem runden Regal und der Farbe Rot, die das Zentrum wärmt, gearbeitet worden. So wird eine fundamentale Kraft hergestellt, die dem Supermarkt Kraft und Bestand vermittelt.

Wasser

Wasser ist mit Geldfluss gleichbedeutend. Wer in seinem Unternehmen Wasser vor dem Eingang, im Eingangsbereich oder im Energiespotpunkt hat, zieht nicht nur Kunden an, er lädt sie auch zum Verweilen ein.

Flure und Fensterfronten

Lange Flure können auch im Geschäftsgebäude sehr ungünstig sein. Liegt ein langer Gang an einer Fensterfront, so sollten Sie die »Autobahn« von Energie stoppen. Stellen Sie Blumen vor die großen Fensterflächen.

Auf der einer langen Fensterfront gegenüberliegenden Wand erzielen Sie das beste Feng Shui, wenn Sie Bergbilder aufhängen. So erzeugen Sie die Gefühle von Sicherheit und Stabilität, statt Unsicherheit und Stress.

Lange, gerade Flure haben den Nachteil, dass sich die Lebensenergie, das Chi, zu schnell bewegt und daraus Hektik und Stresssymptome resultieren. Indem Sie diagonal oder quer zur Wand den Boden belegen, erreichen Sie ein Abbremsen von Chi, gleichsam wie mit einem Zebrastreifen.

Formen

Hoch aufstrebende Formen stehen für Wachstum. Ob im Großen oder Kleinen, überall wo schlanke Muster auftreten, erzeugen Sie Yang-Energie. Diese steht für Aktivität und gutes Gelingen.

Die Verkaufsräume sollten geprägt sein von runden, harmonisch aufeinander abgestimmten Formen. Wo rechteckige und quadratische Formen bevorzugt werden, runden oder schrägen Sie diese am besten an den Ecken ab. Stellen Sie Ladentische oder Regale so auf, dass Sie nicht mit den Kanten Wege oder Türen attackieren. Letzteres würde ein unwillkommenes Klima der Aggression schaffen.

Auch hier sind hoch aufragende Formen Yang und betonen das Vorwärtskommen im geschäftlichen Sinne.

Bilden Sie auch Gruppen von drei Wasserbrunnen oder Objekten, die unterschiedlich hoch sind. Die ideale Formenverteilung würde nach Feng Shui-Gesichtspunkten das Ideal der Natur nachahmen und die Tiger-Drache-Schildkrötenposition herstellen. Der linke Brunnen wäre niedriger als der rechte und der mittlere der höchste.

Gefühle erzeugen

Welches Gefühl haben Sie, wenn Sie in einem solchen Salon sitzen? Was ist angenehm oder unangenehm? Sehen wir uns dazu das nebenstehende Beispiel an.

Angenehm ist sicherlich die Helligkeit und Weite des sparsam eingerichteten Salons. Man kann Passanten betrachten und die vorüberfahrenden Autos. Stellen wir uns einmal vor, dass gerade ein Passant vorbeigeht, den Sie kennen und Sie selbst gerade mit einer Strähnchenhaube vor dem Schaufenster sitzen und ihm nun zuwinken. Was denken Sie?

Feng Shui-Experten sehen die Sache ganz eindeutig: Der Mensch hat ein natürliches Bedürfnis, in intimen Situationen (dazu gehört auch das Haarewaschen) sich nicht jedermann zu präsentieren. Andererseits braucht der Sitzende gegenüber dem Vorübergehenden einen Schutz. Ob das ein Fenster ist, das mit Blumen dekoriert ist, ob Reklametafeln einen direkten Durchblick teilweise verhindern oder das Fenster durch Sprossen unterteilt ist oder es nicht bis zum Boden gezogen wird: Alles das sind Möglichkeiten, zwischen Straße und Rauminnerem eine Trennung, eine Art Barriere zu schaffen.

Sehen wir uns weiterhin um und schauen, wohin der Blick fällt, so entdecken wir die Toreinfahrt, die wie ein geöffneter Mund zum Salon hin schaut. Die ganze Aufmerksamkeit geht zu diesem dunklen Bereich. Unangenehm kann es auch sein, wenn am Abend die Autos mit ihren Scheinwerfern in den Laden hineinblenden. Experten bezeichnen dies als Sha-Chi – angreifendes Chi, das Kunden vertreibt. Damit dies nicht störend in das Ladeninnere wirkt, sind wiederum Pflanzen im Fenster, Kristalle oder Reklametafeln im Schaufenster eine willkommene Feng Shui-Lösung.

Lassen Sie uns nun gemeinsam uns auf die Farben konzentrieren. Was fällt Ihnen auf? Wir sehen in erster Linie Grautöne. Grau wirkt metallisch und verstärkt den kühlen, monotonen Charakter des Bildes.

Was fehlt, sind aus Feng Shui-Sicht die Elemente Feuer, Erde, Wasser und Holz. Feuer wird durch schöne Lichtsituationen hergestellt. Man könnte die weiße Rückseite einer Reklametafel im Schaufenster mit einem Farbstrahler anstrahlen, der das Logo des Friseurs enthält oder eine Botschaft, wie »Wir machen mehr aus Ihrem Haar«.

Mögliche Lösung:

Das Element Erde könnte man durch einen Wandanstrich aus der Gelbpalette in den Raum bringen. Das Element Holz wird durch eine ungerade Anzahl von Pflanzentöpfen einheitlicher Farbe erzeugt. Wählen Sie zu gleich großen Töpfen unterschiedlich hohe Pflanzen und zu unterschiedlich großen Töpfen gleiche Pflanzen. Dieses Wechselspiel der Gegensätze erzeugt Harmonie und damit Wohlfühlgefühl.
Das Element Wasser sehe ich durch ein Wasserobjekt im Raum oder auch in Form von blauen Stühlen im Salon realisiert.

Mit den Jahreszeiten gehen

Wer mit den Jahreszeiten geht, hat die Zeit auf seiner Seite, er geht im wahrsten Sinne des Wortes mit ihr. Wenn man noch im März Weihnachtsdekorationen entdecken sollte, so ist man nicht *up to date*, oder? Auf der Ebene des Unbewussten ist es so, dass Signale gesetzt werden, die darauf hindeuten, dass man möglicherweise mit der Arbeit nicht mehr nachkommt, sozusagen hinterherhinkt. Um diesen Eindruck erst gar nicht aufkommen zu lassen, schauen Sie sich um und überprüfen Sie, ob Ihre Dekorationen den Jahreszeiten gemäß sind.

Lage an einer breiten, mehrspurigen, stark befahrenen Straße

Abhilfe:

Ampelanlagen sind eine gute Möglichkeit, den schnellen Strom des Chi aufzuhalten.

Auch der Kreisverkehr, um einen zentralen Mittelpunkt, wie einen Erdhügel, hat diese Wirkung.

Sie sollten den Eingang mit Pflanzkübeln oder Bäumen gegenüber der Straße schützen.

Über dem Eingang angelegte Bögen, Markisen oder Spalierranken geben den Geschäften Attraktivität und erhöhen die Aufmerksamkeit, wenn die Straße zu dicht befahren ist.

Im Außenbereich von Restaurants können Pflanzkübel und Sonnenschirme einen Platz abstecken und wohltätiges Chi bewahren. Stimmt hier außerdem das Essen, dann werden Gäste in großer Zahl kommen. Berücksichtigen Sie auch, dass es evtl. der Sitzpolsterauflagen bedarf, um weich und bequem zu sitzen. Denn wer hart und kalt sitzt, wird nicht gern wiederkommen.

Lage an einer Straße, von der Sie bergab zu Ihrem Eingang gehen

Abhilfen:

Licht, bewegte Teile, nach oben wachsende immergrüne Pflanzen oder Fahnen sind ein gutes Mittel, um Yang-Energie zu produzieren, die notwendig ist, damit die Geschäfte gut laufen.

Sie können auch das Licht zusätzlich so wählen, dass es von unten nach oben Ihr Geschäft, allerdings blendfrei, anstrahlt.

Säulenartige Richtstrahlbeleuchtung rechts und links vom Eingang, aber auch Licht in der Mitte über Ihrem Eingang sind hervorragende Feng Shui-Mittel (Yang) für den Abend oder die Dämmerung.

Geschäftshäuser sind am besten in Marktplatznähe oder in quirligen Zentren eines Ortes platziert. Verkehrsberuhigte Zonen sind ein hervorragendes Feng Shui für Geschäfte. Allerdings muss man immer leicht parken können.

Am Anfang und am Ende einer Geschäftsstraße ist die Lage weniger günstig, als in der zentralen Bauchmitte. Auch Seitenstraßen eignen sich nur für außergewöhnlich gefragtes Business.

Geschäfte und Büros liegen am günstigsten in der Nähe von Grünanlagen und Straßen, die sich gewunden bewegen, weniger lang sind und klangvolle Straßennamen haben. Es ist auch günstig, an der Seite der Straße das Business zu eröffnen, an der Sie bergauf zum Eingang gehen.

Am günstigsten ist eine Straßenlage, wo Kübelpflanzen und eine »Zone 30« den Verkehrsfluss verlangsamen und einen gewundenen Weg herstellen.

Lage an einem Steilhang

Abhilfen:

Bilden Sie vor Ihrem Eingang eine möglichst flache Eingangsebene. Je größer der Bereich vor Ihnen eben verläuft, umso besser wird der Anreiz gesetzt, dass sich Menschen vor dem Eingang quasi »sammeln« und eintreten.

Bushaltestellen sind eine solche Sammelstelle. Wenn man nicht gerade das Busschild mittig vor seinem Eingang hat, dann ist die Lage aus Feng-Shui- Sicht hervorragend.

Die Sicht geht ungehindert in die Tiefe

Abhilfe:

Verlegen sie den Eingang oder platzieren Sie einen Springbrunnen vor dem Eingang.

Lage zwischen zwei dicht beieinander stehenden Bergen oder Häusern

Abhilfen:

Sie sollten den Eindruck der Enge möglichst mit Springbrunnen am Eingang zerstreuen, auch mit Licht und Markisen. Setzen Sie auf das Dach Fahnen oder Reklameschilder, die Sie anstrahlen. So setzen Sie sich erfolgreich dem Druck der Nachbarhäuser oder Berge zur Wehr.

Lage mit Blick auf einen kahlen Berg oder nackte Häuserwand

Abhilfen:

Umgeben Sie sich mit Blumen, die fünf Farben der Elemente enthalten: Rot, Gelb, Weiß, Blau und Grün.

Gestalten Sie Ihre Auslagen und die Schaufensterdekoration farbig, verwenden Sie Pflanzen und Licht.

Die Bergformation vor Ihnen ähnelt einem gefährlichen Tier oder einem bedrohlichen Gesicht

Abhilfe:

Vermeiden Sie Tür- und Fensteröffnungen in diese Richtung. Verlegen Sie nach Möglichkeit Ihren Eingang auf eine andere Seite.

Häuserkanten zeigen auf Ihr Business

Abhilfen:

Verlegen Sie den Eingang oder richten Sie einen konkaven Spiegel in diese Richtung. Auch Springbrunnen zerstreuen den Einfluss und runde Kugelelemente mildern ihn ab.

Auch Fensteröffnungen in direkter Linie zu diesem Einfluss sollten Sie meiden oder wie oben beschrieben besänftigen.

Friedhöfe in unmittelbarer Umgebung

Abhilfe:

Verlegen Sie möglichst den Eingang aus der direkten Linie zum Friedhof.

Leerstehende Häuser grenzen an das Grundstück

Abhilfe:

Verschiedene Probleme können daraus resultieren, wenn Sie in der Nähe eines leerstehenden Gebäudes arbeiten.

Es sammelt nicht nur Yin-Energie, sondern unter Umständen auch sämtlichen Abfall und Unrat. Es könnte zusätzlich eine Beleidigung für das Auge sein und zur Unattraktivität des eigenen Unternehmens beitragen.

Krankenhäuser befinden sich in Sichtnähe

Abhilfe:

Kranke Menschen und Notfälle erinnern immer wieder an die Vergänglichkeit des gesunden Organismus. Im Unterbewusstsein läuft diese Information bei jedem Sirenengeheul der Rettungswagen ab. In der Umgebung manch anderer Krankenhäuser sind auch Verbrennungsanlagen für Kliniksondermüll ansässig. Tipp: Bevor Sie sich für eine solche Lage entscheiden, lassen Sie sich noch andere Angebote zeigen. Es sei denn, dass Sie mit Krankenhäusern Ihr Geld verdienen.

Beachten Sie die Lage zum Wasser

Lage am Innenrand eines Wasserverlaufes. Das ist ein glücksbringendes Omen, wenn man mehr als 300 Meter weit weg vom Wasser ist.

Zu nahe am Wasser liegende Grundstücke bedeuten, dass die Gefahr einer Überschwemmung auch den Reichtum wegspülen könnte.

Wasser um das Gebäude herum bringt Geld und Möglichkeiten, solange das Wasser in Bewegung bleibt und nicht zur Kloake wird. Außerdem muss das Mauerwerk gut isoliert sein.

41

Check-up fürs Geschäft

Wie ist die Postanschrift des Unternehmens? Wie der Klang des Orts- und Straßennamens, wie die Hausnummer?

- Wohlklingende Assoziationen sind förderlich.
- Die Hausnummer sollte keine Vier am Ende aufweisen, besser sind 8 und 9.

Wie liegt das Gebäude in der Landschaft? Hat es eine gute Rückendeckung? Wo ist die freie Sicht?

- Beste Lage: im Norden ein Berg, im Osten ein höheres Gebäude, Berg oder Bäume, im Westen ein niedrigeres Gebäude, niedrigerer Berg oder niederer Baumbewuchs, im Süden ein freier Blick.

- Sollten die Himmelsrichtungen nicht genauso wie oben beschrieben mit den Gegebenheiten in Übereinstimmung sein, dann sollte rechts vom Eingang aus gesehen (Sie stehen mit dem Gesicht zum Gebäude) sich ein angrenzendes höheres Gebäude befinden und rechts das niedere. Achten Sie auf einen guten Rückenschutz des Gebäudes, damit es keine Rückschläge gibt.

Sehen Sie Wasser von Ihrem Gebäude aus?

- Wasser sollte auf der Seite fließen, wo die Fenster hinweisen, das Gesicht des Gebäudes liegt. Ungünstig ist es, wenn das Wasser auf der so genannten Rückseite fließt, wo sich im Gebäude die Toiletten, Aufzüge, Küchen und Abstellräume befinden.

Passt die Lage zur Art des Business?

- Allgemein sind Geschäfte in der Innenstadt begünstigt, die im Fußgängerbereich liegen. Hier ist die Laufkundschaft. Wer Spezialläden hat und per Annoncen wirbt, sollte auf einfache Erreichbarkeit und gute Parkplatzsituationen achten.

- Büros können sich in zweiter Reihe befinden und benötigen nur in Fällen mit Publikumsverkehr ein besonderes Erscheinungsbild.

Die Lage des Objektes zur Straße

- Liegt das Objekt am Zusammenfluss zweier Straßen, so sind Einnahmen aus zwei unterschiedlichen Quellen zu erwarten.

Wie ist der Weg zum Gebäude?

- Ein geschwungener Weg ist grundsätzlich einem geraden, auf die Straße zuführenden Weg vorzuziehen.

Literatur

Eva Katharina Hoffmann, **Energiepflanzen im Haus,** Mosaik Verlag (1991)

Stephen Hawking, **Eine kurze Geschichte der Zeit,** Rowohlt Taschenbuch Verlag (1991)

Olivia Moogk, **Geheimsymbolik des Feng Shui**, Silberschnur Verlag (1999)

Olivia Moogk, **Beauty Feng Shui**, Silberschnur Verlag (1999)

Olivia Moogk, **Feng Shui – Neun erfolgreiche Strategien für Gewinner**, Silberschnur Verlag (2000)

Olivia Moogk, **Haare gut - alles gut**, Silberschnur Verlag (2002)

Natur und Heilen 1/89 N.N. SGGH-Neuigkeiten

Weitere Literaturhinweise:

Deutsche Literatur

Walter, Derek, *Ming Shui - Chinesische Astrologie*, Astrodata Verlag, 1987

Lam Kam Chuen, *Feng Shui Handbuch*, Joy Verlag, 1996

Englische Literatur

Skinner, Stephen, *The Living Earth Manual of Feng Shui – Chinese Geomancy*, Graham Brash (Pte) Ltd. Singapore, 1982

Too, Lillian, *Applied Pak-ua and Lo Shu Feng Shui – The Time Dimension*, Konsep Lagenda Sdn Bhd, Kuala Lumpur, 1994

Lim, Dr. Jes. T.Y. *Copany's Success-Comercial Knowledge of Feng Shui*, Sydney, 1993

Übersetzungen aus chinesischer Literatur

Pai Hoh Mong, 21 Feng Shui books, Juxian Guan Ltd., Hong Kong

Gu Jing Shu Ji Cheng, Collection of Ancient and Current Books on Feng Shui Ching Dynaystie Imperial Palace

Über die Autorin

Frau Olivia Moogk wurde in den 80er-Jahren in China auf dem Gebiet des Feng Shui kompetent ausgebildet. Darauf aufbauend erweiterte sie bei führenden Lehrmeistern aus Hongkong, Großbritanien und Australien ihren Wissensschatz, um für Unternehmen wie Privatklientel erfolgssteigernde Feng Shui-Beratungen durchzuführen.

Als Leiterin des Internationalen Feng Shui Institutes in Bad Schwalbach und als Mitglied der Internat. Feng Shui Association in Wuhan/ China, hat sie seit den 90er-Jahren maßgeblich den Feng Shui-Markt in Deutschland beeinflusst. Als erste Ausbilderin in Deutschland führte sie ihre Schüler zu Experten auf dem Gebiet des Feng Shui heran und setzte neue Maßstäbe für einen praxisorientierten Unterricht. Ihre gesammelten Erfahrungen aus der Arbeit für führende Firmen wie beispielsweise Wella, Beiersdorf, Edeka, AMC, Axel Springer und Lilly Deutschland, um nur einige zu nennen, waren Anlass für dieses Ihnen vorliegende Buch.

Dieses Buch sollte es Ihnen leicht machen, Feng Shui zu verstehen und möglicherweise die ersten Schritte selbst zu gehen und damit die in einer Beratung oder einem Seminar angesprochenen Themen besser vertiefen zu können.

Frau Moogk wird von vielen ihrer Schüler geschätzt, unter denen es eine Reihe von Architekten gibt, die ihr Wissen insbesondere für Neu- und Umbauten zu Rate ziehen, um so erfolgreiche Einkaufsmärkte, Bürogebäude oder Einzelhandelsgeschäfte zu bauen.

Seit mehr als 10 Jahren versteht es Frau Moogk, in Seminaren und Vorträgen zu begeistern und Geschäftsinhabern zu besseren Umsätzen und insbesondere zu einem harmonischen Mitarbeiterklima zu verhelfen, das die Krankheitsraten im Unternehmen nachhaltig senkt.

Um für Sie möglicherweise über die im Buch behandelten Problemstellungen hinausgehende, spezielle Feng Shui-Lösungen zu erarbeiten, sollten Sie sich nicht scheuen, Beratungsleistungen in Anspruch zu nehmen, die in der Regel auf Tagessätzen basieren und nicht nur das Interieur, sondern auch das äußere Erscheinungsbild der Firma, Werbungsimpulse und Hinweise auf die Gestaltung von Visitenkarten und Briefpapier enthalten.

Wir wünschen Ihnen mit dem Ihnen vorliegenden Buch Glück, Erfolg und Wohlstand!

Hier wird Ihnen weitergeholfen, wenn Sie Düfte oder Büromöbel möchten oder einen Umbau planen:

Raumarchitektur – Individualmöbel – Planung und Realisation

Bäder Wärme Innenausbau mit Feng Shui
Frowein Haustechnik GmbH
Uwe Frowein
Rosenstr. 10
D-55411 Bingen/Rhein

Innendesign
DOG
Liebigstraße 26
D-52070 Aachen

Friseureinrichtungen mit Feng Shui
Wella AG
Berliner Allee 65
64274 Darmstadt

Wasserobjekte & Kunst
Firma »Art Aqua«
Robert-Bosch Str. 7
74321 Bietigheim

Büromöbel
Firma Stocke
Isestraße 17
20144 Hamburg

Büromöbel
Firma Werndel
Georg-Aicher Str. 7
83026 Rosenheim

Fotoarbeiten
Oliver Hebel
Luisenplatz 8
65185 Wiesbaden

Düfte
Primavera
Am Fichtenholz 5
87477 Sulzberg

Drucke zur Stärkung der Lebensenergie
Edition Pegasos
Sigurd Elert
Weredunstraße 1 a
37688 Beverungen-Wehrden

Feng Shui Business Beratung
Vorträge & Seminare für Firmen
Ausbildung zum Feng Shui-Experten

Internat. Feng Shui Institut Moogk
Breslauerstraße 2B
65307 Bad Schwalbach
Tel. +49 (0) 6124-725380/1
Fax. +49 (0) 6124-7253802
Internet: www.fengshuimoogk.de
Email: fengshuimoogk@fengshuimoogk.de

Der Verlag dankt all diesen Firmen für die Zurverfügungstellung von Bildmaterial

Die Macht der Symbole

Olivia Moogk

Geheimsymbolik des Feng Shui

Die Macht der Symbole

108 Seiten, gebunden, illustriert
€ [D] 10,90 / sFr 19,00
ISBN 3-931652-63-7

Mit den Geheimsymboliken kann man Glück, Wohlstand, Gesundheit, gute Liebesbeziehungen und Kinderglück genauso anziehen wie Glück in geschäftlichen Angelegenheiten, auch Schutz und Macht. Das Besondere an der ersten Veröffentlichung dieser Art sind die Illustrationen, die die Kraft haben, im Körper Resonanzen hervorzurufen, z.B. die taoistischen, buddhistischen und die »Acht Kostbarkeiten«-Symbole.

Erfolgreiches Denken und Handeln

Olivia Moogk

Feng Shui -

Neun erfolgreiche Strategien für Gewinner

168 Seiten, gebunden, zweifarbig illustriert
€ [D] 14,90 / sFr 25,80
ISBN 3-931652-54-8

Bislang unbekannt war der Bagua-Imagery-Faktor, der Sie durch neun Bereiche des Denkens führt. Er animiert zur Innenschau und hilft bei der Umsetzung neu gewonnener Erkenntnisse. Das bringt Sie zu dem, was wir alle wollen, nämlich zum erfolgreichen Handeln in allen Bereichen. Für Neueinsteiger in das Thema, wie für professionelle Feng Shui-Consulter, liegt hier der Schlüssel zu dauerhaftem Erfolg. Betreten Sie die neun Erkenntnisräume und sehen Sie, auf welchem Sektor Sie noch Lücken haben und wo Sie sich bereits zufrieden zurücklehnen können. Das Buch bietet viele Inspirationen, wie Sie noch mehr Klarheit und Hilfen für die Umsetzung im täglichen Leben erlangen können.

Die Lebensenergie aktivieren

Olivia Moogk

Beauty Feng Shui

Die acht Säulen der Schönheit

136 Seiten, gebunden, vierfarbig illustriert
€ [D] 24,90 / sFr 42
ISBN 3-931652-70-X

Die Autorin, die in China studierte und seit über einem Jahrzehnt die Wissenschaft des Feng Shui lehrt, nimmt Sie auf eine Reise ins Beauty-Reich mit. Als Feng-Shui-Expertin berät sie Firmen und Privatleute rund um den Globus und hat 1998 die »International Feng Shui Research Association« gegründet. In diesem einmaligen Buch zeigt sie, wie die alte chinesische Wissenschaft mit ihren kaiserlichen Verjüngungsübungen, wohltuenden Tee-Kuren, Duftessenz-Bädern, schönen Farben und wohltuenden Formen auch das individuelle Aussehen fördern kann. Schönheit wird ganzheitlich gesehen, als Ergebnis eines exzellenten Feng Shui mit einem balancierten Maß der Elemente Wind und Wasser. Ob Kosmetikerinnen, Ernährungsberater, Innenarchitekten, Dekorateure, Landschaftsgestalter, Psychologen oder Menschen in Gesundheitsberufen, alle werden für sich und ihre Klientel aus dem Wissensschatz dieses Buches schöpfen können.

Wohlfühlen im Ambiente von Wind und Wasser

Olivia Moogk & Frank Brormann

Haare gut - alles gut!

Im Ambiente von Wind und Wasser

128 Seiten, broschiert, vierfarbig illustriert
€ [D] 10,90 / sFr 17,40
ISBN 3-89845-032-5

Die Haare aus der Sicht eines Friseurs zu sehen ist eins, dass man aber auch die psychische Verfassung seiner Kunden erfassen kann, das ist einzigartig. So wie der international bekannte Figaro Frank Brormann sein Klientel betrachtet, so hat es noch niemand vor ihm getan. Jede Kundin wird sich danach sehnen, so beraten zu werden und dies sollte Ansporn für die ganze Friseurgilde sein. Er hat sich mit Deutschlands erfolgreichster Feng Shui Expertin Olivia Moogk zusammengetan und ein außergewöhnliches Buch kreiert. Die ganzheitliche Denkweise und die zukunftsweisenden Ansätze beider sind der mögliche Beginn eines neuen Verhältnisses zwischen Friseur und Kundin. Sich selbst im Spiegel von Frank Brormanns Beobachtungen zu sehen ist erleuchtend und birgt Potenziale zur Veränderung.

Kundin und Friseur können mit diesem Buch bewusst die Zukunft kreieren von Verständnis und Wohlfühlgefühlen in einer Umgebung von Wind und Wasser, Feng und Shui. Mit Vitalenergie im Salon und der Balance von Yin und Yang wird ein kreatives Umfeld geschaffen, in dem sich jeder wohlfühlt und im Stande ist, sein Bestes zu geben. Die Zukunft beginnt gerade jetzt in diesem Augenblick, wo Sie dieses Buch in der Hand haben.

Jahrtausendealte Karten des Glücks

Olivia Moogk

Glückskarten

80 Karten in Karton
€ [D] 10,90 / sFr 17,40
ISBN 3-89845-016-3

Diese Glückskarten sind nach dem original chinesischem Vorbild entstanden. Sie sollen Ihnen ein guter Begleiter für Fragen des täglichen Lebens sein und die Verbindung »zum Himmel« öffnen. Jene, die in Asien leben oder dort unterwegs sind, wissen, dass die Chinesen die Glückskarten oder ebensolche Stäbchen als sehr persönliche Methode und nicht als »Zukunftsdeutungsspiel« zum eigenen Vergnügen betreiben. Sie holen sich damit Antworten auf wichtige Fragen des täglichen Lebens, die nicht auf menschlichen Erfahrungsschätzen beruhen, sondern auf dem »Rat eines guten Freundes höherer Dimension«.